AF591438

EXAMEN

DE LA THÉORIE

DES SYSTÈMES DE MONTAGNES

OUVRAGES DE M. GRAD

HYDROLOGIE DU BASSIN DE L'ILL, in-8, avec planche (épuisé).

ESSAIS SUR LE CLIMAT DE L'ALSACE *et des Vosges*. 1 vol. in-8. Mulhouse, 1870. Perrin, éditeur.

MÉMOIRE SUR L'ORIGINE ET LA FORMATION DES LACS DES VOSGES. In-8, avec figures et coupes. Paris 1869 (épuisé).

ESQUISSE PHYSIQUE DES ÎLES SPITZBERGEN *et de la zone artique*. 1 vol. in-8, avec carte. Paris, 1866. Challamel, éditeur.

L'AUSTRALIE INTÉRIEURE : *Voyages et explorations à travers le continent australien*. 1 vol. in-8, avec une carte dressée par Malte-Brun. Paris, 1863. Challamel, éditeur.

ÉTUDES DE PHYSIQUE TERRESTRE : *La limite des neiges persistantes. — Température des sources et des eaux courantes. — Théorie des courants océaniques. — Courants et glaces des mers polaires. — Observations magnétiques en Alsace*. In-8. Paris et Colmar.

OBSERVATIONS SUR LE MASSIF DU MONT ROSE *et les glaciers de la Viége*. In-8, avec planche. Paris, 1868.

OBSERVATIONS SUR LA VALLÉE DU GRINDELWALD *et ses glaciers*. In-8. Paris, 1869.

OBSERVATIONS SUR LA CONSTITUTION ET LE MOUVEMENT DES GLACIERS. In-8. Strasbourg, 1870.

LES HABITATIONS OUVRIÈRES EN ALSACE. In 8. Strasbourg, 1868 (épuisé).

MISSIONS SCIENTIFIQUES : *Rapports et notices sur les explorations scientifiques de Vogel dans l'Afrique centrale, des Allemands au Soudan oriental, des frères Schlagintweit dans la Haute-Asie, des Allemands dans l'Océan glacial, etc.* In-8. Paris, 1862-1870.

EXAMEN

DE LA THÉORIE

DES SYSTÈMES DE MONTAGNES

DANS

SES RAPPORTS AVEC LES PROGRÈS DE LA STRATIGRAPHIE

PAR

M. A. CHARLES GRAD

Membre de la Société de géographie, de la Société géologique
et de l'Association scientifique de France.

AVEC DEUX CARTES

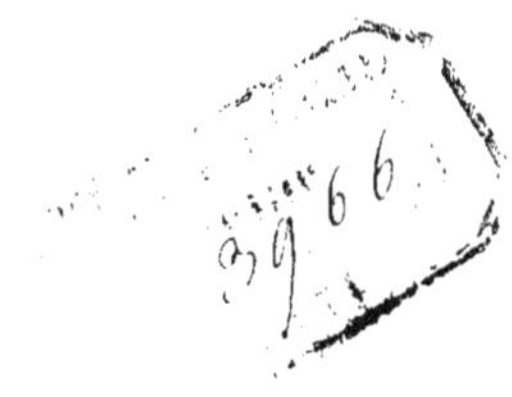

PARIS

IMPRIMERIE DE E. MARTINET

RUE MIGNON, 2.

1871

EXTRAIT DU BULLETIN DE LA SOCIÉTÉ DE GÉOGRAPHIE

(MAI-JUIN 1871)

EXAMEN

DE LA THÉORIE DES SYSTÈMES DE MONTAGNES

DANS

SES RAPPORTS AVEC LES PROGRÈS DE LA STRATIGRAPHIE (1)

I

Dans les sciences naturelles, nous admettons la seule autorité des faits. Pour retracer l'histoire de la formation de la terre, la géologie doit s'appuyer surtout sur l'étude des faits observés dans la structure des roches ou des parties solides de la surface terrestre. Cette structure indique quels changements les parties du globe accessibles à nos investigations ont subis. Aucun phénomène ne s'est manifesté à sa surface pendant la succession des âges sans y laisser de trace, et ces traces apparaissent dans l'ordre de succession des phénomènes, des changements survenus tour à tour. L'atmosphère et les mers, les vents, les marées, les courants, les inondations, les dessèchements ont laissé dans le sol des marques innombrables de leur action, parlant une sorte de langage figuratif dont les caractères, souvent difficiles à déchiffrer, fournissent, une fois reconnus, des détails précis sur les phases diverses de l'histoire de la terre. Tous ces détails recueillis au sein des stratifications immenses, comparés aux faits que nous

(1) Élie de Beaumont, *Notices sur les systèmes de montagnes*, 3 vol. in-18. Paris, 1852. — *Rapport sur les progrès de la stratigraphie*, 1 vol. grand in-8, avec cartes. Paris, 1869, librairie Hachette. — *Recherches sur quelques-unes des révolutions du globe*, 1 vol. in-8. Paris, 1830.

voyons s'accomplir sous nos yeux dépeignent sous leurs vraies couleurs les révolutions du globe, la succession des continents et des mers, les variations de climat, la distribution des animaux et des plantes aux différentes époques, le soulèvement des montagnes, la transformation des roches, les cataclysmes soudains et les lentes métamorphoses, sensibles seulement après des périodes d'une durée indéfinie en face desquelles notre vie humaine apparaît comme une lueur fugitive.

Ainsi fondée sur l'observation des faits, la géologie, loin de se perdre en spéculations vides, présente réellement les garanties d'une science exacte. Tandis que la géographie se borne à décrire la figure extérieure de la terre avec ses contours, ses reliefs et ses arrosements, la géologie constate les changements survenus dans la structure de ses parties solides, elle recherche dans la conformation des roches les lois suivant lesquelles elles se sont développées, reconnaît les phénomènes et remonte aux causes qui ont présidé à leur développement ou à leur création. Éclairées par les manifestations de l'époque actuelle, ces observations permettent de renouer la chaîne des changements survenus aux époques antérieures. Du reste, nous partageons la science du globe pour les recherches de détail en plusieurs branches. L'une embrasse particulièrement la composition des masses minérales : c'est l'oryctognosie, la pétrographie ou la lithologie. Une autre, qui est la stratigraphie, s'occupe surtout de la structure des roches, de la disposition des massifs montagneux et des couches, des relations des parties saillantes avec les dépressions, de l'agencement des éléments divers de la croûte terrestre, que ce soient des dépôts sédimentaires ou des amas d'origine ignée. Ensemble, la *stratigraphie* et l'*oryctognosie* constituent la *géognosie*, connaissance de la composition et de la structure du sol tel qu'il se présente à nos regards, sans formuler les causes de sa formation. Nous exposerons plus particulièrement ici les progrès de la géologie stratigraphique.

II

La connaissance des principaux traits de la géologie remonte à une époque reculée. Déjà les naturalistes philosophes de la Grèce ancienne enseignaient l'envahissement par les eaux et le dessèchement alternatif des différentes parties de la surface terrestre, le soulèvement des continents sous l'influence des feux intérieurs, la formation lente des dépôts stratifiés par les eaux courantes. Hérodote décrivant l'Égypte, cinq siècles avant l'ère chrétienne, l'appelle « une terre de nouvelle acquisition et un présent du fleuve », formée par les alluvions du Nil, selon les récits des prêtres de Memphis, qui attribuent une semblable origine à bien d'autres contrées. De son côté, Anaxagore de Lampsaque affirme le passage et le séjour des eaux à la surface des terres. Le livre apocryphe *sur la Nature de l'univers*, attribué à Ocellus Lucanus, dit également que « le fond de la mer change de temps en temps », et que « les vents ou tremblements de terre et les eaux déterminent la distribution des masses continentales ». Assertion soutenue en ces termes à la fin du premier livre de la *Météorologie* d'Aristote : « ce ne sont pas les mêmes parties de la surface terrestre qui sont toujours continents ou couverts par les eaux, ou bien toujours au-dessus ou toujours au-dessous de la surface des mers. » Quant au feu souterrain, Eschyle lui attribue, dans une de ses tragédies perdues, la séparation de la Sicile et de la Calabre, tandis que le poëme d'Empédocle *Sur la nature* attribue les volcans à l'éruption des masses ignées souterraines et prétend, au témoignage de Plutarque exprimé dans le livre *De primo frigido*, que les roches cristallines, les ἐμφανῆ, les κρημνοί, les σκοπέλοι, les πέτραι ont été élevées et sont soutenues par les feux intérieurs de la terre.

En présence d'une appréciation si juste des phénomènes géologiques les plus importants, à une antiquité si haute, la lenteur des progrès réalisés depuis nous étonne à juste titre. Toutes les données essentielles se trouvent en germe dans les spéculations des naturalistes de la Grèce et de Rome. Si la science n'a pas pris un développement plus rapide, c'est à cause des erreurs qui se mêlaient aux premières notions, c'est surtout à cause de l'insuffisance des observations. L'exposé des systèmes invoqués tour à tour pour expliquer l'histoire de la formation de la terre révèle un étrange spectacle, mélange confus de vues exactes et d'imaginations bizarres et souvent absurdes. Sans méconnaître l'intérêt dont l'exposition de tous ces systèmes serait susceptible, nous négligerons ici les théories auxquelles a manqué la sanction du temps, afin de suivre plus sûrement les progrès réels de la science et le développement des idées géogéniques, à mesure que l'observation des faits leur a donné une base positive.

Que la surface du globe n'ait pas toujours été en l'état où nous la voyons maintenant, les anciens sont d'accord sur ce point. Ce qui a été plus long à établir, c'est la détermination des changements survenus et la manière dont ils se sont opérés. La formation des roches ou des couches du sol par voie de transport et de sédimentation au sein des eaux ressortait d'un coup d'œil sur la première rivière venue. La présence des coquilles enfouies dans les couches loin des rivages de l'Océan, incrustées au sommet même des montagnes, vint ensuite indiquer l'intervention des eaux marines au lieu de leur dépôt. Ovide écrivait, il y a deux mille ans :

..... Vidi factas ex acquore terras
Et procul a pelago conchæ jaguere marinæ.
(*Métamorphoses*, livre XV.)

Oui, la terre est sortie du sein des eaux, et nous voyons les conques marines gisant loin des rivages. Toutes les contrées témoignent de ce fait par des preuves irrécusables. Mais à quelles causes attribuer ces immenses déplacements des mers? Comment concevoir la possibilité de pareils cataclysmes? A ces questions un contemporain d'Ovide a répondu d'avance en expliquant les premiers déluges par des oscillations du sol. Le géographe Strabon dit : « le sol est tantôt soulevé, tantôt abaissé » (*Géographie*, livre 1, chap. III). Comme conséquence naturelle, inévitable, le changement de position du sol entraînait un changement correspondant de position et de niveau des mers. Le grand géographe avait voyagé en observateur et écrit en critique éclairé. Son commentaire des opinions des naturalistes et des physiciens de l'époque, d'Ératosthène, de Xantus, de Straton, mettait au jour une vérité maintenant hors de doute, mais qui passa inaperçue, faute de preuves suffisantes et susceptibles d'une vérification facile. D'un autre côté, rien n'indique non plus dans la conjecture de Strabon si les oscillations du sol devaient venir de l'action du feu intérieur, ni si les déplacements océaniques dérivaient de catastrophes subites ou de mouvements graduels.

Toute la portée d'un phénomène et ses causes ne sauraient être mises en pleine évidence avant la connaissance détaillée de ses effets. Les anciens, dépourvus encore d'observations suffisantes sur la structure de la terre, nous voulons dire de sa croûte extérieure, ne pouvaient expliquer avec précision tous les changements qu'elle a subis. Les faits acquis étaient épars et trop incomplets. Le déplacement des eaux impliquait bien le soulèvement ou tout au moins l'émersion des montagnes; on connaissait, de plus, le dépôt des terrains sédimentaires sous forme de couches superposées, mais sans soupçonner de rapport entre ces phénomènes distincts quoique unis tous deux dans une étroite dépendance. Ce rapport échappait parce que personne n'avait signalé l'existence de couches redressées ou inclinées, alors que la stratification devait nécessairement être horizontale à l'origine. En tout cas, nous ne pouvons reprocher aux contemporains de Strabon et d'Ovide l'absence de détails suffisants dans leur exposition de l'histoire du globe, quand la plupart des faits exacts dont dérivent les vues générales, aujourd'hui universellement admises, ont été méconnus pendant des siècles. Témoin la notion des fossiles! Nous n'avons pas de si piètre écolier qui ne rattache à leur présence le séjour des eaux marines sur les continents et l'apparition des montagnes au-dessus de leur niveau, alors que, pendant le moyen-âge, les arcanes de la science traitaient les pétrifications d'animaux ou de plantes de « jeux de la nature », et que Voltaire, à une époque plus éclairée, les appelait « des coquilles de pèlerins » portées au haut des montagnes « afin de prouver le déluge par supercherie ». Léonard de Vinci et Bernard Palissy, l'un au début, l'autre vers les dernières années du XVIe siècle, énoncèrent une vérité au-dessus de l'intelligence des docteurs de leur temps, en affirmant que les restes organiques, les coquilles pétrifiées ou fossiles étaient de vraies coquilles déposées par la mer aux lieux où tout le monde les voit. Et cependant, la géologie ne pouvait prendre le caractère d'une science exacte que par l'étude des fossiles considérés dans leurs rapports avec les couches qui les renferment.

Le moyen âge laissa la géologie stationnaire. Préoccupés surtout des problèmes du monde moral, les peuples chrétiens négligèrent l'étude de la nature, tandis que les Arabes cultivaient les sciences relatives à la médecine, et que dans l'extrême Orient, les lettrés de la Chine et de l'Inde ne semblent pas avoir recueilli non plus de données géologiques positives. La science prit un essor rapide seulement après les découvertes de Palissy. Un simple potier, en recherchant dans les environs de Paris les produits les mieux appropriés à son industrie, posa de nouveau le principe de la vraie nature des fossiles et celui de la stratification du sol. L'étude de la nature entra dans une phase nouvelle. Phase d'indépendance et de libre recherche, où l'expérience et l'observation directe devaient se substituer au principe d'autorité. Désormais les hommes voulaient voir par eux-mêmes le fondement des doctrines acceptées naguère sans examen et sans contestation. Aux incitations de la science se joignirent les préoccupations religieuses soulevées par la critique des livres saints. Soit qu'il s'agît de scruter le mode de formation du globe, soit qu'on cherchât dans les phénomènes géologiques la confirmation de certains textes de la Genèse dont les assertions étaient mises en doute, les sentiments les plus nobles se prêtèrent un mutuel appui pour pousser au progrès de la science, et cette double pensée ne cessa pas d'animer les esprits élevés. Si de nos jours la science est surtout cultivée pour elle-même, le souci du vrai, uni à celui de nos destinées immortelles, ne doit pas moins nous inspirer le désir d'une union intime de la science et de la foi. La revendication formelle du droit d'examen ne justifie en aucun cas les défiances excitées par les ardeurs de la controverse ou par ses excès contre les tentatives de conciliation. Sur plusieurs points brûlants, naguère débattus avec ardeur, l'interprétation théologique a fait des concessions suffisantes, et, bien que sur d'autres l'accord paraisse aujourd'hui moins facile, les découvertes à venir établiront certainement la vérité dans toute sa lumière.

Les recherches se multiplièrent donc avec la manifestation des idées nouvelles sur l'origine des fossiles. Dans toute l'Europe, les naturalistes s'empressèrent de recueillir les coquilles et les pétrifications de toute espèce. Occupés d'abord de simples descriptions iconographiques, d'essais de classification d'une valeur encore contestable, de monographies plus ou moins étendues, ils en vinrent par degrés à étudier les rapports des restes organiques avec les couches qui les renferment. La découverte de ces rapports fut annoncée presque simultanément en France, en Angleterre et en Allemagne pendant la seconde moitié du XVIIIe siècle, et cet événement avait une portée capitale. En France, selon M. d'Archiac, l'abbé Giraud-Soulavie exposa dès 1764 (?) les relations des fossiles avec les terrains d'âge différent, en montrant certaines couches caractérisées, non-seulement par leur structure et leur composition minérale, mais bien plus par les débris d'animaux qui y sont enfouis. En Allemagne, Fuchsel émit une idée semblable en 1773, dans son *Entwurf zu der aeltesten Erd-und Menschengeschichte*. De même le géologue anglais William Smith, dans le texte explicatif des cartes géognostiques publiées à Londres de 1796 à 1813, montra comment l'Angleterre se divise régulièrement en couches dont l'ordre de superposition n'est jamais interverti, et qui présentent les mêmes fossiles dans toutes les parties de la même couche, à de grandes distances.

Un premier ouvrage de Giraud-Soulavie, la *Géographie de la nature*, Paris 1780, servit à établir la chronologie de la formation des terrains en couches, d'après leur ordre de superposition. Il pose ce principe que « toute carrière — toute couche — superposée est de formation postérieure à celle de la carrière fondamentale ». Le même naturaliste démontre ensuite dans son *Histoire naturelle de la France méridionale*, publiée en 1784, les lois exactes de la géologie stratigraphique. « Les fossiles, dit ce livre, diffèrent par leur âge et la superposition des couches qui les renferment, et non suivant les contrées du globe où on les rencontre : la différence des coquilles dans les pierres est établie par la différence d'antiquité, non sur la différence locale. » Et plus loin : « Quand même une chute de terrain précipiterait le bas Vivarais au-dessous de la Méditerranée, il ne suit pas de là que cette mer, refluant de ce côté-là, produirait les anciennes coquilles qu'elle produisit alors : la succession des temps en a fait perdre les espèces, aussi ne les voit-on pas dans les pierres plus récentes. »

Malgré la netteté de ces conclusions qui posaient la vraie base de la stratigraphie, les découvertes de l'abbé Giraud-Soulavie demeurèrent lettre morte pour les géologues officiels, professeurs au Collége de France et au Muséum de Paris. A la fin du XVIIIe siècle et au commencement du XIXe, Dolomieu, de la Metherie et Faujas de Saint-Fonds, chargés de l'enseignement de la géologie dans les premières écoles de l'Europe et de la France, exposaient aussi mal les uns que les autres le mode de succession des terrains et ne soupçonnaient pas la possibilité des relations entre les couches du sol et leurs restes organiques. Toutefois, en 1808, Alexandre Brongniart précisa les idées de Giraud-Soulavie lors de la publication de l'*Essai de la géographie minéralogique des environs de Paris*, faite en commun avec Cuvier, qui préludait à ses belles études sur la reconstitution des espèces d'animaux perdues. Cet ouvrage fit connaître également des dépôts d'eau douce distincts des formations marines, et dans une note de l'édition de 1821, Brongniart démontra comment « le développement des êtres organisés suppose une longue série de siècles ou au moins d'années qui établissent une véritable époque géognostique, pendant laquelle tous les corps organisés qui habitent, sinon toute la surface du globe, au moins une grande partie de cette surface, ont pris un caractère particulier de famille ou d'époque qu'on ne peut définir, mais qu'on ne peut non plus méconnaître ». Par conséquent, le caractère d'époque de formation est « de première valeur en géognosie et doit l'emporter sur toutes les autres différences, quelque grandes qu'elles paraissent. Ainsi, lors même que les caractères tirés de la nature des roches, de la hauteur des terrains, du creusement des vallées, même de l'inclinaison des couches et de la stratification contrastante se trouveraient en opposition avec celui que nous tirons des débris organiques, j'attribuerais encore à ceux-ci la prépondérance, car toutes ces différences peuvent être le résultat d'une révolution et d'une formation momentanée, qui n'établissent pas en géognosie d'époque spéciale ».

Reconnaître la différence des fossiles d'une couche à l'autre, c'est constater du même coup l'extinction de certaines espèces et l'apparition de certaines autres pendant la suite des formations. Sur ce point tout le monde est maintenant d'accord. S'agit-il, cependant, de déterminer le mode de succession des faunes et des flores à la surface du globe, aussitôt les avis diffèrent. Selon les uns, partisans de la théorie des causes actuelles ou de l'idée que les phénomènes dont la terre est le théâtre se sont constamment manifestés de la même manière, la multitude des espèces d'animaux et de plantes dont nous découvrons les vestiges auraient apparu lentement, les unes après les autres, sans modification appréciable dans la marche des phénomènes. Selon l'opinion contraire, une série de révolutions et de grands cataclysmes seraient venus bouleverser sur le globe les conditions d'existence, détruisant, sinon l'ensemble, du moins la majeure partie des êtres vivants, qui étaient ensuite remplacés par une création nouvelle et distincte. Cette divergence a commencé avec les premiers essais géogéniques, et déjà chez les anciens, Empédocle, Xénophon et Parménide partageaient l'idée des grandes catastrophes, parmi les philosophes naturalistes antérieurs à Alexandre, tandis qu'Anaxagore et Aristote se prononçaient pour la persistance des causes actuelles.

Dans les phénomènes de la nature comme dans l'ordre politique, les catastrophes peuvent bien être le résultat d'actions lentes, et des effets semblables indéfiniment répétés sont bien susceptibles de provoquer des révolutions subites, ouvrant un nouvel ordre de choses. Néanmoins, avant de se prononcer sur la persistance indéfinie des causes dites actuelles ou sur l'intervention d'une série de catastrophes ou de bouleversements pendant la formation du revêtement solide de notre globe, il importe de fixer la part qui revient dans cette formation à l'action de l'eau et à l'action du feu. Or, l'action de l'eau est manifeste; celle du feu ne peut être niée non plus, mais les géologues ont hésité et hésitent encore sur l'importance relative des deux agents. Vers la fin du dernier siècle, les écoles, tout en marchant avec résolution dans le chemin de l'observation et de l'expérience, soutenaient entre elles des luttes ardentes pour faire prévaloir à peu près exclusivement le feu ou l'eau. On était neptunien ou vulcaniste. L'idée des actions ignées surgit en Angleterre, pendant qu'en Allemagne la théorie des formations par voie aqueuse régnait sans partage.

Un savant renommé, Werner, enseignait alors à l'École des mines de Freyberg que le granite et les autres roches cristallines étaient des dépôts de la mer comme les roches fossilifères et stratifiées. A une époque reculée, les matières dont dérivent ces terrains auraient été dissoutes ou tenues en suspension dans l'Océan. Tous les terrains se seraient séparés successivement de cet océan chaotique, les uns par voie chimique, les autres par voie mécanique, sans autre différence dans la formation des terrains cristallins et des dépôts sédimentaires. Suivant le système de Werner, le granite des plus hautes cimes du globe, supportant les terrains régulièrement stratifiés, apparut d'abord avec les grès et les roches schisteuses cristallines qui lui sont souvent associées. Plus tard, la mer diminua de hauteur. Elle continua à opérer pendant cette seconde période une précipitation chimique de silicates simultanément avec la formation de dépôts mécaniques. C'est par ce double procédé que se seraient développés les terrains intermédiaires ou de transition qui renferment à la fois des roches cristallines et des dépôts de sédiment avec des vestiges de corps organisés. Les terrains secondaires auraient ensuite pris naissance durant une nouvelle période de décroissance des eaux. Pendant leur consolidation, des ruptures produites dans les formations antérieures engendrèrent des cavités de toutes dimensions : l'eau, en se retirant dans ces cavités, incrusta des diverses matières qu'elle tenait en suspension les longues fissures par lesquelles elle pénétrait, et forma ainsi les filons métallifères.

Telles étaient les conclusions de la théorie exclusivement neptunienne. Non-seulement, selon le célèbre professeur de Freyberg, tous les terrains se seraient formés dans l'eau, mais ils durent présenter dès l'origine la structure et la composition que nous leur voyons encore. Ce système, où les faits alors connus étaient coordonnés avec une grande puissance de méthode, captivait l'attention générale, quand James Hutton inaugura en Écosse une doctrine nouvelle avec des conclusions opposées sur certains phénomènes fondamentaux. Hutton considérait l'atmosphère comme la région où les roches se décomposent pour être ensuite entraînées et accumulées au fond des mers. Dans ce grand laboratoire, les matières meubles devaient se minéraliser et se transformer sous la double action de la pression de l'Océan et de la chaleur interne, en roches cristallines ayant l'aspect des roches anciennes, pour être soulevées plus tard sous l'influence de cette même chaleur et démolies à leur tour. La dégradation d'une partie du globe servirait ainsi constamment à la reconstruction d'autres parties. L'absorption continue des dépôts inférieurs produirait sans cesse de nouvelles roches pouvant être injectées à travers les couches de sédiment de toute nature, calcaires, sables, limons, toutes accompagnées de vestiges organiques. Il y a là un système de destruction et de renouvellement dont on ne pressent ni le commencement ni la fin, où, comme dans les mouvements planétaires dont les perturbations se corrigent d'elles-mêmes, les diverses opérations sont cependant renfermées dans certaines limites, de telle sorte que le globe ne porte aucun caractère d'enfance ni de vieillesse.

Hutton a obscurci sa belle théorie en présentant la destruction et le renouvellement des couches terrestres comme un phénomène continu. Nonobstant nos réserves, nous trouvons ce système préférable à celui de Werner. Il est moins vague et plus complet. Il se rapproche plus de la vérité, parce que les éléments et les forces mises en œuvre fonctionnent dans leurs attributions propres, suivant leurs véritables propriétés, simultanément dans les limites en leur pouvoir. Il ajoute l'action du feu à celle de l'eau, et explique le soulèvement, l'inclinaison, le déplacement des roches stratifiées par suite de l'expansion des gaz et des matières fluides à l'intérieur du globe. Cette dernière idée fut aussi soutenue par le géologue italien Breislak, dans son *Introduzione alla geologica*, publiée à Milan en 1811. Hutton publia lui-même sa *Theory of the Earth*, à Édimbourg, en 1795. Quant à Werner, il fit connaître ses principes par son enseignement plutôt que par ses écrits : c'est à peine si nous avons de lui un mémoire fort concis, qui parut à Dresde, en 1787, sous ce titre : *Kurze Beschreibung und Classification der Gebirgsarten*, plus une étude sur le développement des filons : *Neue Theorie der Entwickellung der Gaenge*, imprimée à Freyberg en 1791.

Comme nous l'avons vu, la classification wernérienne comprend quatre termes composés comme suit : d'abord les roches primitives avec filons ; en second lieu, les dépôts intermédiaires ou de transition tenant des roches cristallines primitives et des formations en couches avec fossiles qui occupent le troisième degré de la série ; enfin, quatrièmement, les produits d'alluvions de l'époque actuelle. Werner connut bien les roches volcaniques éruptives, mais il croyait que les autres roches s'étaient toutes formées dans l'eau en couches horizontales ou à peu près. Son système géogénique reposait sur une base trop étroite. Nul doute que s'il avait porté ses études hors du territoire de la Saxe, que s'il avait pu tenir compte des observations faites hors de son pays, sur un horizon plus étendu, il aurait donné des explications plus conformes à la réalité ; car nos théories sur les plus grands sujets, comme nos plus simples idées, sont toujours le reflet de la somme de nos connaissances, et se trouvent en rapport avec les objets que nous avons généralement sous les yeux. L'histoire de la science doit nous prémunir contre de tels écarts en nous attirant hors du cercle de nos pensées habituelles et du champ trop restreint de nos propres observations.

Nous avons dit que dans ces considérations nous devions nous borner à envisager les découvertes et les théories dont la science a réellement profité, sans nous attacher aux systèmes purement spéculatifs contredits par les faits. Nous avons suivi, dans cette voie, le développement des idées sur l'apparition des dépôts sédimentaires formés par couches successives au sein des eaux. Nous avons vu le déplacement des mers mis en évidence par les débris d'animaux marins enfouis dans les roches, et nous avons reconnu la succession d'une série de faunes et de flores diverses, la caractérisation des terrains de formation récente par des fossiles semblables, puis les déchirements de la croûte terrestre suivis du soulèvement des montagnes et de l'émersion des continents, sous l'influence des mouvements internes dus à l'action du feu. Tous ces grands faits de la nature sont absolument certains, sauf peut-être l'influence du feu intérieur que nous invoquons seulement à titre d'hypothèse, mais une hypothèse à laquelle l'observation des volcans et l'accroissement de la chaleur dans les profondeurs du globe donnent à peu près toutes les garanties de la vérité.

Quoi de plus magnifique que ce spectacle de la formation et des révolutions du globe ! La terre lancée dans l'espace, gravitant autour du soleil, son foyer central, d'abord ardente et lumineuse comme lui, puis refroidie peu à peu, envahie par les eaux, revêtue de végétation, peuplée d'animaux dont les générations sont détruites et se renouvellent au milieu d'effrayantes catastrophes, des bouleversements du sol, des immenses déplacements océaniques, qui se suivent avec des périodes d'une durée incalculable, en suscitant des êtres vivants sous une multitude de formes, auprès desquelles la création actuelle apparaît comme une moisissure d'un jour! La science a renoué l'enchaînement de ces événements et retrace devant nos yeux étonnés ces scènes au prix de longs et patients efforts. Voyons encore comment la distribution des fossiles dans le sol, liée à l'étude des couches redressées et des discordances de stratification, permet de préciser les détails et le mode de succession des différentes époques géologiques.

Il y a réellement eu dans l'histoire de la terre plusieurs périodes, dont chacune présenta des manifestations propres. Sans remonter à l'origine même du globe, et à ne le considérer que depuis l'apparition des eaux à sa surface, les géologues reconnaissent, dans la formation de sa croûte extérieure, une série d'opérations distinctes amenées par des révolutions plus ou moins considérables. Ainsi, Breislak considérait l'état actuel des continents comme le résultat d'une série de cataclysmes dont le principe lui échappait. Presque en même temps, Werner enseignait la succession de quatre grandes époques correspondant à la formation des terrains primitifs, de transition, secondaires et de l'époque actuelle. Hutton soutint l'idée de révolutions continuelles qui transformeraient indéfiniment l'écorce terrestre sous l'action combinée de l'eau et du feu. Enfin, Buffon et Cuvier admirent plusieurs phases géologiques dans deux livres célèbres : les *Époques de la nature* et le *Discours sur les révolutions du globe* publiés, celui-ci en 1829 (1), celles-là en 1778. Le *Discours*, de Cuvier, bien que plus récent de cinquante années que les *Époques*, de Buffon, ne précise pas le nombre des catastrophes; et, malgré notre admiration pour les travaux de notre grand anatomiste relatifs à la restauration des espèces d'animaux perdues, nous trouvons encore des lacunes considérables dans son tableau de la succession des terrains sédimentaires. De son côté, Buffon ne se fit pas non plus une idée nette de la stratigraphie, et ne fonda pas ses brillantes conceptions géogéniques sur des observations positives : après avoir dépeint tour à tour la terre ouvrage de l'eau et la terre ouvrage du feu, il adopta pour l'histoire du globe six époques consécutives. La première de ces époques est celle où le globe, à l'état de fluidité ignée, a pris sa forme en se renflant vers l'équateur et s'aplatissant aux pôles; la seconde, celle où la consolidation de la matière fluide, par suite du refroidissement, forma les amas de roches cristallines primitives; la troisième, celle où la mer, recouvrant les terres actuellement habitées, a nourri les animaux à coquilles dont les dépouilles formèrent les roches calcaires; la quatrième, celle de la retraite de ces mêmes mers de nos continents pour se renfermer dans leurs bassins actuels; la cinquième, celle pendant laquelle

(1) Nous entendons parler de la dernière édition corrigée par Cuvier.

vécurent les éléphants et les autres grands animaux aujourd'hui disparus de nos régions tempérées; la sixième époque, enfin, a dû suivre la séparation de notre continent de l'Amérique, et correspond aux temps actuels.

A vrai dire, le nombre des époques de formation des terrains stratifiés équivaut à celui des révolutions survenues à la surface de la terre dans la suite des temps. Chaque bouleversement a ouvert une époque nouvelle marquée par le dépôt de nouveaux terrains en stratification discordante avec les couches les plus anciennes, soulevées, rompues, redressées par les diverses catastrophes. L'idée des catastrophes et des bouleversements se déduit de la différence des fossiles d'une couche ou d'une formation à l'autre et de la discordance de stratification de ces couches nécessairement horizontales lors de leur dépôt. Comme les associations de fossiles caractéristiques de chaque terrain diffèrent surtout par l'extinction de certaines espèces et par l'apparition d'espèces nouvelles, il a fallu des changements plus ou moins considérables dans les conditions d'existence. Comme l'ordre des formations sédimentaires est troublé par le dépôt de couches horizontales contre d'autres couches redressées, le changement des conditions d'existence, déduit de la différence des fossiles contre ces deux sortes de couches, provient d'événements brusques ou de courte durée. Ces événements sont les redressements des couches produits par le soulèvement des montagnes à diverses époques.

Deux écrivains des derniers siècles rattachaient déjà le redressement des couches à l'apparition des montagnes. Sténon, né à Copenhague, mais qui vécut longtemps en Italie, à la cour de Toscane, considère les dérangements et les dislocations des terrains stratifiés comme l'origine des montagnes, soit que les couches d'abord horizontales soient soulevées de bas en haut, « par un mouvement interne, » soit qu'elles s'affaissent à la suite du travail

[library stamp]

d'érosion des eaux. L'œuvrage de Sténon, où nous trouvons cette explication, a pour titre : *De solido intra solidum naturaliter contento disértationis prodromus*; il a été imprimé à Florence en 1679. Un peu plus tard, en 1721, Lazzaro Moro donna aussi une description exacte de la structure des montagnes et de leur mode de formation. Son livre : *Dei corpi marini che sui monti si trovato,* publié à Vérone, traite spécialement des corps marins trouvés sur les montagnes, avec le but de prouver que ces corps ne proviennent pas du déluge de Moïse, et affirme que les montagnes « formées de couches inclinées et rompues », ont été « soulevées par l'action des feux souterrains ».

Ainsi, tandis que Giraud-Soulavie mettait en évidence le changement des faunes et des flores pendant la suite des formations, Lazzaro Moro et Sténon rattachèrent le redressement des couches au soulèvement des montagnes; mais il était réservé à un géologue de nos jours d'identifier le soulèvement des montagnes avec les révolutions du globe, avec les causes des dislocations du sol et du renouvellement des espèces animales et végétales dans la suite des temps. M. Élie de Beaumont posa, en effet, la base d'une chronologie exacte de l'histoire de la terre dans un mémoire présenté à l'Académie des sciences en 1829, et publié pour la première fois dans les *Annales des sciences naturelles*. Il démontra que chaque révolution terrestre correspondait avec l'apparition d'un ensemble de montagnes formées par soulèvement, et que chaque époque géologique correspondait à la formation de terrains nouveaux en stratification discordante avec les dépôts stratifiés antérieurs. Ce qui prouve ce fait, c'est que les couches redressées des montagnes sont toujours suivies et servent d'appui à des couches horizontales de date plus récente. De plus, le parallélisme progressif des couches d'abord redressées, et horizontales à mesure qu'on s'éloigne des lignes de rupture du système de couches redressées, ainsi que le passage plus ou moins graduel des premières aux secondes, indique que l'intervalle entre le soulèvement des parties redressées et des parties horizontales a été nul ou tout au moins de courte durée. En somme, les révolutions du globe sont marquées par les soulèvements et les lignes de rupture, les époques de formation, par le dépôt des divers terrains de sédiments : double série de faits dont la stratigraphie a pour objet de déterminer les rapports et l'ordre de succession.

Toute la science se résume dans la recherche des relations des soulèvements et des grands cataclysmes avec les formations telluriques. Avant de voir les résultats obtenus dans cette voie par des observations positives, jetons encore un coup d'œil sur les hypothèses invoquées pour expliquer les causes des dislocations du sol. Nous avons déjà dit que Lazzaro Moro attribuait l'apparition des montagnes à l'action des feux souterrains. Saussure eut aussi recours un moment à cette conjecture pour l'explication du redressement des poudingues stratifiés de Valorcine ; mais le savant auteur des *Voyages dans les Alpes* rejeta plus loin sa première idée, parce que « les feux capables de bouleverser des masses aussi énormes » n'avaient laissé, sur « ces mêmes masses, ni dans ces lieux, aucun vestige de leur action ». Cependant, à la même époque, Hutton, le promoteur des idées plutoniennes, montra les fentes et les séparations des terrains stratifiés « presque toujours remplies de minéraux d'une espèce différente de celle de la roche qui se trouve sur les deux côtés », d'où la conclusion que ces minéraux, ou les roches éruptives qui sont liées aux bouleversements des strates « ont servi d'instrument à leur élévation ». D'un autre côté, Félix de Boucheporn, en réunissant en « systèmes de montagnes » les inégalités de la surface du globe, présenta chacun de ces systèmes comme la conséquence du « choc d'une comète ».

Des comètes heurtant la terre à plusieurs reprises auraient chaque fois fait dévier son axe de rotation, soulevant la croûte solide pour former autour de son équateur des chaînes de montagnes linéaires et parallèles sous l'influence « d'un refoulement produit par ces pressions latérales » sur les masses fluides internes, ou de l'expansion de ces masses autour de la ligne équatoriale. Un changement de l'axe de rotation du globe étant inadmissible, il n'y a pas lieu de considérer ses effets. Reste une dernière proposition qui explique l'apparition des montagnes par suite d'une diminution lente et continue du volume du globe, liée à son refroidissement progressif.

Selon les vues de M. Élie de Beaumont, « le phénomène lent et continu du refroidissement de la terre occasionne une diminution progressive dans la longueur de son rayon moyen, et cette diminution détermine dans les différents points de sa surface un mouvement centripète, qui, en rapprochant chacun d'eux du centre, l'abaisse par degrés insensibles au-dessous de la position centrale. Ce mouvement centripète est, à la vérité, contrarié particlement et temporairement, pour certaines parties de la surface, par les bossellements lents occasionnés par l'ampleur surabondante de l'écorce; mais à la longue il doit finir par prévaloir universellement. Le peu d'épaisseur de la croûte du globe, la faiblesse de sa courbure et le nombre indéfini de ses fissures s'oppose à ce qu'on admette que cette croûte puisse se maintenir sans appui : son poids l'a donc constamment tenue appliquée sur le liquide intérieur. Ce liquide n'étant plus assez volumineux pour pouvoir la remplir et pour la soutenir partout, si elle avait conservé sa figure sphéroïdale régulière qui correspond à un maximum de capacité, elle s'est écartée par degrés de cette figure en se bosselant légèrement. Mais un pareil bossellement ne pouvait avoir lieu sans que certaines parties de l'enveloppe éprouvassent une compression, d'autres une extension, sans que les diverses colonnes de la masse liquide intérieure changeassent respectivement de longueur, et sans que les forces immenses qui tendent à rendre la planète sphéroïdale fussent écartées de l'état d'équilibre. Tant que la déformation a été excessivement petite, la résistance de l'écorce solide a pu contre-balancer toutes ces causes de rupture ou d'écrasement. Mais comme ces causes sont devenues nécessairement de plus en plus intenses à mesure que la déformation est devenue de plus en plus grande par le progrès du refroidissement, une débâcle a fini par devenir inévitable. La tendance de la masse entière à revenir à une figure à peu près sphéroïdale a fait naître un système de forces graduellement croissantes, qui ont fini par réduire l'écorce de la planète à diminuer son ampleur incommode par la formation subite d'une sorte de rempli. Un pareil rempli ne peut avoir une forme plus simple, plus en harmonie avec la figure sphéroïdale et avec le principe de la moindre action et de la moindre consommation de force vive, que celle d'un fuseau comprimé latéralement. »

Chaque système de montagnes, ajoute l'auteur de cette théorie, peut « s'expliquer par la compression latérale subite d'un fuseau de l'écorce terrestre. Les matières que la compression transversale a forcées à chercher une issue au dehors ont passé à travers la surface auparavant unie du terrain, — comme le doigt à travers une boutonnière, — mais en crevassant de bas en haut les assises superficielles, pour former des intumescences allongées. C'est là, si je ne me trompe, le sens dans lequel on emploie habituellement le mot *soulèvement*. Dans ce phénomène, il faut distinguer le soulèvement *relatif* rapporté au niveau de la mer et le soulèvement *absolu* rapporté au centre de la terre. Lorsque les montagnes ont pris leur relief au-dessus de la surface générale du globe, leurs cimes se sont écartées du centre de la terre, parce que le mouvement de propulsion vers l'extérieur qui les a mises en saillie a surpassé le mouvement général de rétrocession de l'ensemble de la surface vers le centre, d'où il suit que le mot de soulèvement appliqué à leur mode de formation est vrai dans un sens absolu aussi bien que relatif. »

III

Réduite à elle seule l'étude de la distribution des restes organiques ne suffit pas pour fixer l'ordre de succession des formations sédimentaires. Cette étude, quoique nécessaire et indispensable, est cependant insuffisante pour deux motifs. Le premier, c'est l'existence de plusieurs faunes et flores contemporaines distinctes, propres aux différentes zones de la surface terrestre, durant les premiers âges comme aujourd'hui. En second lieu, les événements, causes de modifications successives des conditions d'existence, n'ont pas renouvelé à chaque révolution tous les êtres sur la terre entière ; ils ont seulement détruit ceux qui vivaient sur le théâtre de la catastrophe sans empêcher les mêmes espèces de reparaître plus tard dans les mêmes lieux par voie de migration, quand leur aire de dissémination était plus étendue et quand les conditions d'existence antérieures se présentaient de nouveau (1). Pour ces raisons essentielles, la présence de diverses associations de fossiles correspondant aux faunes et aux flores de zones différentes dans des dépôts formés à la même époque, et la réapparition des mêmes espèces dans des couches superposées, ne provenant pas de la même époque de formation, la géologie, tout en se guidant sur la distribution des restes de corps organisés

(1) Ce fait a surtout été mis en évidence par M. Joachim Barrande pour les faunes siluriennes de la Bohême. — Voyez *Défense des colonies*, in-8. Prague, 1870.

dans les couches, ne saurait déterminer exactement la suite des révolutions du globe ou la chronologie des formations sans la connaissance des rapports de la série des dépôts avec la structure du sol, connaissance donnée par l'étude des systèmes de montagnes.

Un système de montagnes est un système de ruptures ou de dislocations de l'écorce terrestre. Les éléments du même système sont à peu près parallèles, produits par la même cause, agissant à la même époque, sur une étendue et avec une intensité plus ou moins considérables. L'élévation des couches au-dessus du niveau général du sol à la suite des ruptures les transforme en montagnes. Toutefois il importe de distinguer un système de montagnes d'une chaîne, telle qu'elle apparaît à nos regards au premier abord. Un système de montagnes comprend toutes les élévations et les dislocations du même âge, lors même que ces éléments ne forment pas une suite continue et se présentent dans plusieurs chaînes distinctes. Une chaîne de montagnes, au contraire, se compose de toutes les hauteurs rattachées les unes aux autres sans distinction d'âge ou de l'époque de leur apparition. En d'autres termes, le même système peut exister dans des chaînes indépendantes les unes des autres, tandis que la même chaîne embrasse souvent des montagnes appartenant à des systèmes de diverses époques. Les chaînes de montagnes donnent le groupement des hauteurs dans l'espace, les systèmes de montagnes celui des dislocations du sol par rapport au temps.

Comme nous l'avons vu, les couches sédimentaires plus récentes se sont déposées horizontalement en stratification discordante contre les couches redressées plus anciennes. Selon la remarque de M. Élie de Beaumont (*Notice sur les systèmes de montagnes*, Paris 1852), les lignes de démarcation observées dans la succession des terrains, et à partir de chacune desquelles la formation des dépôts semble avoir recommencé sous des influences nouvelles, résultent des changements survenus dans les limites et le régime des mers à la suite des divers soulèvements. D'ailleurs il y a « peu de contrées où ces phénomènes se soient produits assez tard pour agir sur toutes les couches de sédiment qui y existent aujourd'hui. Le long de presque toutes les chaînes, on voit, lorsqu'on les observe avec attention, les couches les plus récentes s'étendre horizontalement jusque vers le pied des montagnes, comme on conçoit qu'elles doivent le faire, si elles ont été déposées dans les mers ou dans des lacs dont ces mêmes montagnes ont en partie formé les rivages ; d'autres couches, au contraire, se redressant ou se contournant plus ou moins sur les flancs des montagnes, s'élèvent en quelques points jusqu'à leurs crêtes. Dans chaque chaîne, en particulier, ou au moins dans chaque *chaînon*, la série des couches de sédiment se divise ainsi en deux classes différentes. La place variable d'une chaîne à une autre qu'occupe, dans la série générale des couches, le point de partage de ces deux classes, est même une des choses qui particularisent le mieux chacune de ces chaînes ; et, tandis que la position des couches anciennes redressées fournit la meilleure preuve du soulèvement des montagnes qui en sont en partie composées, les âges géologiques des deux classes de couches fournissent le moyen le plus sûr de déterminer l'âge des montagnes elles-mêmes. Il est, en effet, évident que la date de l'apparition de la chaîne est intermédiaire entre la période du dépôt des couches qui y sont redressées et celle du dépôt des couches qui s'étendent horizontalement au pied de ses pentes. »

Ainsi la distinction nette et tranchée entre les couches redressées et les couches horizontales place le phénomène du redressement dans l'intervalle des périodes de formation des deux dépôts, intervalle pendant lequel aucune série régulière de couches ne s'est formée dans le lieu de l'observation. Mais, dit M. Élie de Beaumont, si l'on suit les deux formations à des distances plus ou moins considérables des points où la discordance de stratification se manifeste, « on trouve les secondes posées sur les premières en stratification parfaitement concordante, et même liées à elles par un passage plus ou moins graduel, qui prouve que le changement survenu dans la nature du dépôt s'est opéré sans que le phénomène de la sédimentation ait été suspendu. L'intervalle pendant lequel la discordance de stratification observée a été produite a donc été extrêmement court. En examinant avec attention les groupes de montagnes, même les plus compliqués, on parvient ordinairement à les décomposer en un certain nombre d'éléments ou de chaînons diversement entrecroisés les uns avec les autres, dans toute l'étendue de chacun desquels la position de la ligne de démarcation entre les couches inclinées et les couches horizontales est la même. Le plus souvent, la ligne de démarcation relative à ceux de ces différents chaînons qui sont parallèles entre eux, est semblablement placée, et elle change lorsqu'on passe à ceux qui ne sont pas dirigés dans le même sens. On peut donc dire, d'une manière générale, que chacun des systèmes de chaînons parallèles a été produit d'un seul jet et pour ainsi dire d'un seul coup. »

Évidemment « une pareille convulsion a dû modifier, au moins dans les contrées voisines des points qui en ont été le théâtre, la formation lente et progressive des terrains de sédiment, et quelque chose d'anormal doit s'observer, sur une assez grande étendue, dans le point de la série de ces terrains qui correspond au moment auquel un redressement de couches a eu lieu. Les géologues qui, depuis Werner, ont étudié avec le plus de soin les terrains de sédiment, et les naturalistes qui ont examiné les débris d'animaux ou de végétaux qu'ils renferment, ont, en effet, généralement remarqué qu'entre les différents termes de la série de ces terrains, des variations brusques se manifestent à la fois dans le gisement, l'allure et même la nature locale des couches, et dans les fossiles animaux et végétaux qui y sont enfouis. D'après des observations qui n'embrassaient pas un assez grand espace, on avait d'abord supposé plus générales qu'elles ne le sont quelques-unes de ces variations dont on a aussi trop cherché quelquefois à atténuer la valeur. Lorsque deux formations semblent passer insensiblement l'une à l'autre, il n'y a jamais qu'une très-petite épaisseur de couches dont la classification puisse rester incertaine, et lorsque certaines espèces sont communes à deux groupes de couches superposées en stratification discordante, elles ne forment, en général, qu'une fraction, souvent même peu considérable, du nombre total des espèces de chacun des deux groupes. C'est ce qu'on voit par la comparaison que M. Deshayes a établie entre les catalogues des espèces de coquilles trouvées dans les trois groupes qu'il distingue dans les terrains tertiaires et le catalogue des espèces actuellement vivantes, comparaison dont les résultats sont d'autant plus frappants que les analogues vivants de certaines espèces de chacun des trois groupes tertiaires se trouvent aujourd'hui dans des mers séparées. »

Après avoir fait ressortir l'accord entre les changements de stratification et les résultats nécessaires des soulèvements successifs, du déplacement des mers, des grandes érosions, M. Élie de Beaumont ajoute : « Les fractures opérées dans la croûte extérieure du globe ont déterminé l'élévation et le redressement des couches dont cette croûte se compose, et les arêtes de ces couches brisées et redressées sont devenues les crêtes de ces aspérités de la surface du globe qu'on nomme des chaînes de montagnes, d'où il résulte que les expressions : direction moyenne d'un système de fractures, direction moyenne d'un système de couches redressées, direction d'un système de montagnes sont à peu près synonymes. Il n'y a d'exception que dans le cas où des fractures se sont produites dans un terrain où la plupart des couches étaient déjà fortement dérangées. Ces sortes de croisements ont généralement donné lieu à des complications dont on doit souvent chercher à faire abstraction dans la recherche des lois générales du phénomène du redressement des couches. Parmi les résultats d'observation qui rendent impossible de considérer les dislocations des couches qui caractérisent les pays de montagnes, comme les résultats de phénomènes locaux qui se seraient répétés d'une manière successive et irrégulière, on doit placer au premier rang la constance des directions moyennes, suivant lesquelles les couches de sédiment se trouvent redressées sur des étendues souvent immenses. »

L'exploitation des mines a depuis longtemps fait connaître le principe de la constance des directions, appliqué surtout dans les travaux de recherche. C'est l'observation de la constance des directions des couches houillères de certaines parties de la Belgique qui a amené, en 1717, la découverte des importantes mines d'Aniche et de Valenciennes, cherchées au milieu des terrains plats de la Flandre française, sur la direction prolongée des couches exploitées à Mons. Les montagnes ne présentent pas toutes la même structure, mais un examen attentif constate dans chaque chaîne certaines directions dominantes des crêtes des couches redressées, correspondant à celle des mouvements qui ont façonné un relief et dont le nombre est restreint. Cette distinction tranchée dans la structure des diverses chaînes, signalée déjà par Léopold de Buch et par Alexandre de Humboldt, conduisit M. de Beaumont à attribuer l'apparition des divers systèmes à des phénomènes indépendants les uns des autres, en même temps qu'il rattachait les dislocations dirigées dans le même sens à la même action mécanique. Longtemps auparavant, Werner, en combinant les observations faites dans un grand nombre de mines, avait émis l'idée que les filons métalliques d'une même nature doivent leur origine à des fentes parallèles entre elles, ouvertes en même temps, remplies ensuite durant une même période. L'hypothèse de la contemporanéité des dislocations parallèles qui ont donné naissance aux montagnes est ainsi l'application en grand du principe de la contemporanéité des fractures moins importantes remplies par des filons métallifères parallèles.

Cette induction étant exacte, le nombre des phénomènes de dislocations éprouvées par le sol de chaque contrée égalerait à peu près celui des directions des montagnes ou des chaînes « réellement indépendantes les unes des autres qu'on pourrait y distinguer. Ce nombre n'est jamais très-grand. Il est à peu près du même ordre que celui des changements de nature et de gisement que présentent les dépôts de sédiment de chaque contrée, changements qui les ont fait distinguer depuis Werner en un certain nombre de formations, et qui ont été considérés comme étant chacun le résultat d'un grand phénomène physique ». Rien de plus naturel donc que de rapprocher l'une de l'autre ces deux manières d'énumérer les changements survenus à la face de notre globe. Ce rapprochement suscita aussi la pensée « que les deux séries parallèles de faits intermittents dont on retrouve ainsi les termes successifs doivent rentrer l'une dans l'autre ». Mais pour sortir à cet égard des aperçus généraux trop vagues, il fallait mettre en rapport un certain nombre des lignes de démarcation que présente la série des dépôts de sédiments d'une partie du globe avec un pareil nombre de chaînes de montagnes de la même région. C'est ce que M. Élie de Beaumont a essayé de faire pour l'Europe dans la *Notice sur les systèmes de montagnes*, publiée en 1852, développement d'un premier travail présenté à l'Institut de France, séance du 22 juin 1829, sur *Quelques-unes des révolutions de la surface du globe, présentant différents exemples des coïncidences entre le redressement des couches de certains systèmes de montagnes et les changements soudains qui ont produit les lignes de démarcation qu'on observe entre certains étages consécutifs des terrains de sédiment.* Les études persévérantes de l'éminent géologue ont mis en lumière les relations des formations sédimentaires avec les différents soulèvements, elles l'ont amené à conclure que les couches redressées dirigées dans le même sens sont presque toujours contemporaines, et que, d'un autre côté, « l'indépendance des dépôts de sédiment successifs est une conséquence et même une preuve de l'indépendance des systèmes de montagnes diversement dirigés. »

Le nombre des systèmes de montagnes formés sur l'ensemble de la surface du globe paraît considérable, mais nous ne pouvons encore l'évaluer avec précision. Lorsque M. Élie de Beaumont appela pour la première fois l'attention sur les coïncidences entre le redressement des couches et les révolutions qui ont produit les lignes de démarcation observées entre les formations sédimentaires successives, il ne détermina, en 1829, que les quatre systèmes de la Côte-d'Or, des Pyrénées, des Alpes occidentales et des Alpes principales. En présentant sa *Notice sur les systèmes de montagnes* à l'Académie des sciences, le 30 août 1852, le même géologue porta ce chiffre de quatre à soixante. Enfin dans le *Rapport sur les progrès de la stratigraphie*, publié en 1869, il estime le nombre des « systèmes passablement définis à quatre-vingt-cinq », total qui sera encore dépassé, « car les parties de la surface du globe où l'on a étudié le partage des montagnes en systèmes ne forment pas la moitié de la surface terrestre émergée. » Non-seulement on découvrira de nouveaux systèmes dans les contrées encore inconnues, mais des observations plus attentives continuent à en faire trouver même en Europe. Les travaux de Murchison et de Sedgwich en Angleterre, de Verneuil et d'Archiac en Allemagne, de Durocher en Scandinavie, de M. Vézian en Espagne, de MM. Rivière, Dufrénoy, Raulin, de Villeneuve-Flayosc, Gras en France, de M. Pomel en Algérie, de M. Guillemin à Madagascar, de MM. Lyell, Marcou et Pissis en Amérique, ont contribué, avec beaucoup d'autres que nous oublions de nommer, à étendre successivement le nombre des lignes stratigraphiques signalées par M. Élie de Beaumont.

Voici le tableau des systèmes de montagnes aujourd'hui connus en Europe, emprunté au *Prodrome de Géologie* de M. Alexandre Vézian et disposé selon leur ordre de succession à partir de l'époque actuelle :

Alluvions modernes.
(Système des Açores. — Système du mont Ventoux).

Alluvions anciennes.
(Système du Ténare. — Axe volcanique méditerranéen).
Système des Alpes principales.

Sables subapennins d'Asti. — Pliocène supérieur.
Système du mont Serrat.

Marnes bleues subapennines. — Pliocène inférieur.
(Système des Alpes occidentales. — Système des Alpes maritimes).

Formation miocène supérieure (sahelienne).
Système de l'Erymanthe.

Formation miocène moyenne.
Système du Vercors. — Système du Sancerrois.

Formation miocène inférieure.
Système du Tatra.

Grès de Fontainebleau.

SYSTÈME DE LA CORSE.

(SYSTÈME DE LA VALLÉE DU RHÔNE. — SYSTÈME DE L'ERIDAN).

Dépôts nummulitiques méditerranéens.

SYSTÈME DES PYRÉNÉES.

Calcaire pisolithique. — Craie blanche.

SYSTÈME DU MONT VISO.

Craie chloritée. — Gault. — Gris-vert. — Formation néocomienne.

SYSTÈME DE LA CÔTE-D'OR.

Formation oolithique supérieure.

SYSTÈME DE L'OURAL.

Corn-brach. — Forest-marble. — Grande oolithe.

SYSTÈME DE LA VALLÉE DU DOUBS.

Couches infra-oolithiques. — Lias.

(SYSTÈME DU MONT SENY. — SYSTÈME DU THURINGERWALD).

Formations triasiques.

SYSTÈME DU RHIN.

Grès vosgien.

SYSTÈME DES PAYS-BAS.

Dyas.

(SYSTÈME DU NORD DE L'ANGLETERRE. — SYSTÈME DU LAND'S END).

Terrain houiller.

SYSTÈME DU FOREZ.

Mill-stone grit. — Anthracite de la Loire.

(SYSTÈME DES BALLONS. — SYSTÈME DES VOSGES).

Calcaire carbonifère. — Formation devonienne.

(SYSTÈME DU HUNDSRUCK. — SYSTÈME DE LA MARGERIDE).

Formations siluriennes supérieures.

SYSTÈME DU JEMT LAND.

Formations siluriennes inférieures.

Système du Longwynd.

(Système d'Arendal. — Système du Morbihan).

Formations cumbriennes.

Système des Kiol. — Système du Finistère. — Système de la Vendée.

Schistes azoïques. — Gneiss.

De prime abord, ce tableau de la succession des systèmes de montagnes de l'Europe, mis en regard des formations contemporaines, semble infirmer notre assertion suivant laquelle chaque révolution géologique correspond à une époque de formation distincte, dont les dépôts sont en stratification discordante avec ceux de la formation antérieure et de la formation suivante. Il y a apparence de contradiction parce que d'une part nous indiquons plusieurs systèmes consécutifs sans formation intermédiaire, et que, d'un autre côté, nous voyons réunies des formations distinctes sans indication de système de montagnes formé dans l'intervalle de leur dépôt. Ces lacunes tiennent à l'état encore incomplet de nos connaissances sur la structure du sol de l'Europe, ou bien elles sont le résultat des faits dont voici l'explication.

Les lignes de rupture et les redressements de couches produits par chaque système de montagnes embrassent seulement une zone restreinte et non la surface terrestre tout entière. Selon M. Élie de Beaumont, l'étendue d'un système quelconque ne dépasserait pas en largeur 35 degrés de grand cercle, soit environ 4000 kilomètres sur une longueur égale à celle de la demi-circonférence de la sphère. D'après M. Vézian, « l'espace sur lequel s'exercerait l'action orogénique dans un moment donné se présenterait sous la forme d'une zone équatoriale enveloppant le globe entier ». En réalité, cependant, il est impossible de suivre les traces des différents systèmes de dislocation et de soulèvement au fond des mers qui occupent la majeure partie de la surface terrestre : nous ne pouvons donc dire positivement si leur forme générale figure un fuseau semblable à une côte de melon ou si elle représente un anneau complet : une seule chose demeure manifeste, c'est que les éléments du même système occupent seulement un espace restreint dans le sens de la largeur. Par suite, les effets immédiats de chaque soulèvement ne peuvent devenir apparents à la surface de chaque contrée. La discordance de stratification entre les couches redressées par une révolution représentée par un système de montagnes quelconque et celles de la formation qui a immédiatement suivi ne se rencontre pas partout. Si une série de couches affleurant sous d'autres couches, en stratification discordante avec elles, appartient à une époque de formation qui n'est pas immédiatement antérieure, les formations intermédiaires apparaissent au jour dans d'autres régions. En un mot, le sol d'une contrée restreinte peut se composer de couches de diverses époques de formation sans trace des systèmes de montagnes apparus dans l'intervalle, et, réciproquement, plusieurs systèmes de montagnes s'y montrent parfois malgré l'absence des formations intermédiaires.

Quand un pays présente plusieurs systèmes de montagnes sans apparence de formations contemporaines, ces formations doivent exister dans les profondeurs du sol, cachées par des dépôts plus récents, ou bien elles ont été détruites par érosion, dans la plupart des cas. Nous disons dans la *plupart des cas* et non *toujours*. En effet, abstraction faite des difficultés que rencontre souvent la découverte des rapports de certains systèmes avec les formations qui les ont immédiatement suivis ou précédés, la surface terrestre paraît bien présenter plusieurs groupes de soulèvement et de rupture dus à des révolutions entre lesquelles ne s'est formé aucun dépôt appréciable. Ces révolutions ou les systèmes de montagnes qui les représentent sont donc contemporains. M. Élie de Beaumont cite comme tels les trois systèmes du Ténare, de l'axe volcanique méditerranéen et des Andes, groupe distingué sous le nom de *système volcanique trirectangulaire* et auquel se rattachent la plupart des volcans en activité. M. Vézian pense même que tous les systèmes de soulèvement « ont surgi trois par trois, en dessinant un réseau formé par trois grands cercles se coupant à angle droit. » L'observation démontre que les forces orogéniques ne se manifestent pas à la fois sur toute la surface du globe, mais, ajoute M. Vézian, « leur action se répartit sur cette surface d'une manière symétrique et réciproque ». Et plus loin : « dans le même moment, les forces orogéniques, à chaque apparition d'un système de montagnes, se seraient manifestées le long de trois *grands cercles* se coupant à angle droit, mais auraient respecté les espaces limités par ces grands cercles, espaces qui se présenteraient sous la forme de triangles trirectangles ».

A notre avis, l'apparition des systèmes de montagnes par groupes ternaires, contemporains, perpendiculaires entre eux est une pure hypothèse. L'apparition simultanée des trois systèmes des Andes, de l'axe volcanique méditerranéen et du Ténare n'implique pas une loi générale tant que de nouvelles observations ne se prononceront pas en ce sens. D'un autre côté, de même qu'il y a des systèmes de dislocations et de soulèvements perpendiculaires, nous trouvons d'autres systèmes parallèles quoique formés à des époques éloignées, par conséquent distincts l'un de l'autre. Ces systèmes parallèles, ou à peu près, sont dus à la *récurrence* périodique des directions. Les directions récurrentes cependant ne doivent pas être confondues avec les directions épigéniques ou d'emprunt. Un système est récurrent lorsqu'il reproduit sur toute une zone de la sphère un autre système antérieur occupant une zone différente. Il y a au contraire direction épigénique ou d'emprunt quand les dislocations d'un système plus récent se reproduisent sur des points isolés suivant les ruptures d'un système plus ancien, car les fractures du sol ne se ressoudent ordinairement pas assez pour que leur réouverture ne soit pas plus facile que la production de fractures nouvelles. Ainsi des dislocations dépendantes du système du Rhin ont pu se reproduire lors de l'apparition du système des Alpes occidentales, qui est beaucoup plus récent, sans que la direction générale des deux systèmes soit la même. Deux systèmes sont parallèles entre eux, comme des méridiens sous l'équateur, quand on les observe à 90 degrés de leur point de rencontre : les systèmes du Thuringerwald et des Pyrénées par exemple, malgré leur orientation très-différente en Europe, deviennent presque semblables quand ils atteignent la côte d'Amérique. Le parallélisme comme la perpendicularité des systèmes de montagnes dépend de la perpendicularité ou du parallélisme de leurs cercles de comparaison, non de la position respective ou des relations de quelques-uns de leurs éléments partiels, les grands cercles pouvant être parallèles ou perpendiculaires sans que les petits cercles représentant les lignes stratigraphiques partielles le soient, et réciproquement.

Expliquons-nous d'ailleurs sur la valeur exacte des *grands cercles de comparaison*. On constate comme fait d'observation la direction *à peu près* parallèle des éléments d'un même système de montagnes, de ses lignes de rupture ou de soulèvement. Ces éléments peuvent être considérés comme autant d'arcs de petits cercles. Si l'on suppose exact le parallélisme de ces petits arcs, si l'on admet que tous ont réellement la même direction, il suit qu'étant parallèles entre eux, ils sont aussi parallèles à un grand cercle dirigé comme eux et passant par le milieu du groupe au centre de la sphère. Ce grand cercle médian, équateur du système, dont les éléments forment autant d'arcs de petits cercles parallèles, constitue ce qu'on appelle son *grand cercle de comparaison* et sert à fixer sa direction sur le globe. L'auteur de la théorie des systèmes de montagnes pense que les cercles de comparaison de chacun d'entre eux ont une existence réelle, que leur parcours est jalonné par des détails de structure et de reliefs caractéristiques, que les éléments du même système deviennent d'autant plus marqués qu'ils se rapprochent davantage du cercle médian. Pour nous, nous nous bornerons à envisager ici ces cercles non comme réels, mais comme de simples tracées fictifs indiquant la direction moyenne des accidents stratigraphiques qu'ils représentent.

Dans l'origine, M. Élie de Beaumont a lui-même représenté la condition du parallélisme comme simplement approximative. La direction assignée aux roches stratifiées anciennes des montagnes des Maures et de l'Esterel, page 467 du premier volume de l'*Explication de la carte géologique de France*, en donne entre autres une preuve suffisante. Il est difficile de fixer le degré d'approximation possible, mais la moyenne obtenue pour chaque système se rapproche d'autant plus de la vérité que les directions observées sont plus nombreuses et que leurs divergences se neutralisent mieux. Certaines divergences proviennent des mouvements imprimés à des intervalles considérables et par des révolutions distinctes à une même couche qui se trouve alors redressée inégalement sur les différents points de son étendue. En pareil cas, la direction du redressement n'est celle d'aucun des systèmes auxquels correspondent les mouvements successifs éprouvés par la couche, mais une combinaison de ces directions. M. Scipion Gras et M. Le Play ont montré comment la direction et l'inclinaison d'une couche qui a éprouvé deux redressements successifs dépend de l'amplitude et de la direction de chacun des deux mouvements de rotation qui l'ont dérangée de sa position horizontale primitive pour la placer dans sa position actuelle. Des observations assez nombreuses neutralisent ces divergences partielles et les annulent quand on prend la moyenne. L'espace ni le temps ne nous permettent d'ailleurs de donner ici de plus longs détails pour la détermination des lignes stratigraphiques et le tracé des grands cercles de comparaison des systèmes de montagnes. Chacun sait se prémunir dans ces recherches des illusions que peut susciter la forme sphérique de la terre ou la manière dont elle est représentée sur les cartes. Un grand cercle représentant un système quelconque ne coupant pas tous les méridiens sous un même angle, il n'a pas partout la même orientation, et l'on est obligé de rapporter la direction des accidents qu'il représente à un point choisi pour centre de réduction au milieu du fuseau formé par le système. Alors l'angle ou la direction cherchée équivaut à la direction ou à l'angle donné par l'observation directe, augmenté ou diminué de la différence des angles alternes-internes déterminés par l'arc qui joint le point d'observation au centre de réduction et par les méridiens passant par ces points.

Par un passage graduel, la stratigraphie nous conduit de la considération des détails de structure du sol aux abstractions géométriques. Toute découverte est incontestable dans le domaine des objets réels et demeure définitivement acquise. Mais la connaissance de la vérité nécessite comme règle impérieuse de ne plier les faits à aucune idée préconçue pour leur coordination. Or, la théorie des systèmes de montagnes présente deux parties distinctes. Dans la première l'auteur s'en tient à l'observation seule, procédant du petit au grand, du particulier au général pour déduire de ses études la corrélation des changements de stratification et de l'apparition des montagnes avec les révolutions telluriques, puis le parallélisme approximatif des lignes stratigraphiques, des dislocations et des redressements de couches de même date. Dans la seconde partie, se fondant sur le parallélisme des lignes stratigraphiques contemporaines, il en conclut que le redressement des couches, les ruptures du sol, la formation des montagnes, s'accomplissent suivant des lois de symétrie, de manière à grouper les éléments des systèmes successifs en un réseau régulier de figure pentagonale. Si les progrès de la science pouvaient un jour rapprocher les faits d'observation avec cette hypothèse de symétrie pour la confirmer dans ses traits essentiels, la théorie de M. Élie de Beaumont aurait réalisé une des plus belles synthèses de la géologie.

IV

Comment s'explique la symétrie pentagonale dans la structure de la surface terrestre? Les accidents stratigraphiques de même date, nous l'avons vu, présentent une allure plus ou moins régulière. M. Élie de Beaumont, en comparant les grands cercles adoptés provisoirement pour représenter les systèmes de montagnes reconnus dans l'Europe occidentale leur trouva des angles d'entrecroisement égaux ou semblables disposés de manière à figurer un réseau à peu près régulier. Après quelques tâtonnements arithmétiques sans résultat, le savant géologue imagina un réseau systématique de grands cercles combinés de manière à reproduire les cercles de comparaison représentants des systèmes de montagnes européens. Ce réseau lui parut représenté par quinze grands cercles se coupant de façon à figurer douze pentagones sphériques réguliers ou formant un dodécaèdre pentagonal inscrit dans la sphère. Un filet mobile dont les mailles forment un pareil réseau, dressé de manière à s'appliquer sur un globe en l'embrassant avec une précision rigoureuse, se place sur le triangle trirectangle formé par l'entrecroisement des trois grands cercles de comparaison provisoires des systèmes du Ténare, de l'axe volcanique méditerranéen et des Andes. De la coïncidence des lignes de ce réseau mobile avec les cercles de comparaison de ces systèmes de montagnes, l'auteur de la théorie conclut à l'existence réelle du réseau pentagonal dans la nature et sur la surface entière du globe terrestre.

Inutile de rappeler en détail les tâtonnements et les essais tentés par M. Élie de Beaumont pour arriver à cette conclusion. Ce qui importe toutefois, c'est de savoir que le pentagone européen ou le réseau formé par les cercles de comparaison des systèmes de montagnes de l'Europe a son centre près de Remda, au milieu de l'Allemagne, que les douze pentagones sphériques se décomposent en cent vingt triangles scalènes pouvant se grouper sans déplacement en trente losanges ou en vingt triangles équilatéraux, que les centres de ces vingt triangles équilatéraux coïncident avec les sommets du dodécaèdre inscrit dans la sphère. Sans entrer dans de plus longs développements sur la « géométrie stratigraphique », on remarquera encore le rayonnement autour du centre de chaque pentagone — points D du réseau — de dix arcs de grand cercle dont cinq vont rencontrer les sommets — points I, I′, I″, I‴, I⁗, — et les cinq autres les milieux des côtés — points H, H′, H″, H‴, H⁗ — du pentagone. Ces arcs appartiennent aux grands cercles appelés *Primitifs* du réseau et qui se coupent au centre de chaque pentagone dont ils forment aussi le périmètre. De plus vient-on à joindre entre eux tous les points I et tous les points H du réseau pentagonal, on voit apparaître un ensemble de lignes nouvelles appartenant à des grands cercles classés sous le nom de cercles *octaédriques, dodécaédriques réguliers* et *dodécaédriques rhomboïdaux.* Les *octaédriques* (ou icosaédriques), au nombre de dix en tout, inscrivent à l'intérieur de chaque pentagone principal un second pentagone dont les angles coïncident avec les points H qui marquent le milieu de chaque côté des pentagones principaux et dont les milieux des côtés — points b, b', b'', b''', b'''' — sont placés vis-à-vis des angles de ces pentagones principaux, sur un des *primitifs* passant par les points D. Quant aux *dodécaédriques réguliers*, au nombre de six, ils découpent à leur tour, au milieu des grands pentagones, de petits pentagones semblablement placés à ceux-ci. Tous ces petits pentagones ont leurs angles T, T', T'', T''', T'''' et le milieu de chacun de leurs côtés a, a', a'', a''', a'''' placés sur un des cercles *primitifs* qui se croisent au centre des grands pentagones.

On peut se faire une idée de la disposition relative de ces lignes d'après la figure ci-jointe du pentagone européen dessiné en projection gnomonique sur l'horizon de son centre à Remda, que nous empruntons à la *Notice sur les systèmes de montagnes.* On voit que trente-cinq grands cercles interviennent dans l'établissement du réseau de chaque pentagone principal : ce sont dix *primitifs*, cinq *octaédriques*, cinq *dodécaédriques réguliers*, quinze *dodécaédriques rhomboïdaux.* Chacun des grands cercles intervenant dans plusieurs pentagones à la fois, leur nombre total pour le réseau complet ne dépasse pas soixante et un, savoir : quinze *primitifs*, dix *octaédriques*, six *dodécaédriques réguliers* et trente *dodécaédriques rhomboïdaux.* Cependant M. Élie de Beaumont ayant trouvé que ces soixante et un grands cercles *principaux* ne suffisaient pas pour représenter tous les systèmes de montagnes existants ou connus, il y ajouta des cercles *auxiliares.* Il chercha « ces grands cercles auxiliaires parmi ceux qui dérivent des grands cercles principaux, lorsqu'on supprime une des conditions qui fixaient ces derniers dans la position-limite qui leur appartient. On obtient ainsi des grands cercles qui réfléchissent encore d'une manière très-marquée la symétrie pentagonale. L'auteur s'est laissé guider à cet égard par ce qui a été fait dans la cristallographie, laquelle repose sur une analyse exacte et approfondie des rapports géométriques de tous les plans qui peuvent se rattacher au système trirectangulaire ou quadrilatéral, dont on peut reporter l'esprit dans l'étude du système pentagonal. »

Toutes ces descriptions ne donnent pas une idée nette du réseau pentagonal. La vue des choses, un simple coup d'œil sur une représentation figurée fait mieux saisir la forme, la grandeur, l'arrangement des objets que de longs discours. Comme dit Horace :

> Segnius irritant animos demissa per aurem
> Quam quæ sunt oculis subjecta fidelibus.

Sous l'influence de cette persuaison et pour faire apercevoir les relations des différents systèmes de montagnes et l'adaptation du réseau aux accidents variés de la surface terrestre, M. Auguste Laugel se chargea de le fixer, en 1855, sur un globe de 30 centimètres de diamètre, en s'aidant des données numériques calculées par M. Élie de Beaumont. Non-seulement M. Laugel traça sur son globe les soixante et un grands cercles principaux du réseau, mais encore plusieurs séries complètes de cercles auxiliaires choisis « parmi les plus symétriques » et tous ceux qui avaient été adoptés comme cercles de comparaison d'un système de montagne. Des teintes plates diverses appliquées sur les cent vingt triangles scalènes, formés sur le même globe par les lignes du réseau, permettent d'en saisir les contours à première vue et de se rendre compte de leur assemblage en douze pentagones, en vingt triangles équilatéraux, en trente losanges. Il eût été avantageux de joindre en outre aux publications sur les systèmes de montagnes et la théorie pentagonale des cartes à grande échelle, avec tous les détails nécessaires des parties de la surface du globe auxquelles les grands cercles de comparaison semblent s'appliquer avec une netteté particulière.

Lignes abstraites, purement idéales, et données au début comme de simples moyennes arithmétiques, les grands cercles de comparaison des systèmes de montagnes ne tardèrent pas à prendre aux yeux du promoteur de la théorie une existence réelle. M. Élie de Beaumont admit la manifestation de dislocations et de phénomènes éruptifs plus intenses, plus réguliers ou plus constants sur le parcours de ces cercles. Il s'efforça de montrer le réseau pentagonal non comme une abstraction géométrique, mais comme l'expression d'un fait matériel dont la structure du globe manifeste clairement l'empreinte. A ses yeux le réseau doit faire découvrir les cercles privilégiés représentant les divers systèmes de montagnes, que, malgré leur nombre, on ne trouve pas indifféramment dans une contrée donnée avec leur direction déterminée. La *Notice sur les systèmes de montagnes*, en date de 1852, avait servi à fixer la direction des groupes de soulèvements et de dislocations reconnus tour à tour. Le *Rapport sur les progrès de la stratigraphie*, publié plus tard, à quinze ans d'intervalle, eut surtout pour objet de prouver, par de nombreuses monographies, la formation de lignes naturelles par les grands cercles de comparaison fixés d'abord à titre provisoire. Ces monographies montrèrent les grands cercles principaux et leurs auxillaires jalonnés par des accidents stratigraphiques de toutes espèces, des soulèvements, des failles, des crêtes, des vallées, des lignes fluviales, des pics, des tles. D'où la conclusion que « les formes géographiques, quelque bizarres qu'elles paraissent, ont été déterminées par des forces naturelles exemptes d'arbitraire, » et cette autre : « L'orographie de la France et même du globe entier est renfermée à l'état latent dans la formule générale du réseau pentagonal ». Un éminent géographe contemporain, M. Élisée Reclus, a exprimé une pensée analogue en termes à peu près semblables à propos de la distribution des terres et des mers à la surface du globe (1).

Selon M. Élie de Beaumont, les monographies des grands cercles du réseau pentagonal permettraient de substituer bon nombre de ces cercles aux grands cercles de comparaison provisoires des systèmes de montagnes de l'Europe occidentale. L'application du réseau à la carte géologique de France, dont une belle représentation graphique est jointe au Rapport sur les progrès de la stratigraphie, mettrait ce fait en lumière. Elle doit montrer d'une part que le réseau renferme des lignes susceptibles de représenter les grands cercles de comparaison des différents systèmes de montagnes. D'un autre côté, elle ferait voir que ces lignes s'adaptent sur « des files de positions caractéristiques dont chacune jalonnait à l'avance une direction déterminée », en sorte de ne pouvoir être déplacées de plus de 2′ de degré méridien, dans un sens ou dans l'autre, transversalement à cette direction. Précision remarquable si elle était bien réelle, parce que l'approximation de 2′ équivaut à une étendue linéaire de 2 kilomètres; le cercle de comparaison ne pouvant subir en aucun point des déviations dont l'amplitude totale dépasserait 4 kilomètres. Cette zone large de 4 kilomètres renfermerait les détails des brisures de l'écorce terrestre dues aux modifications locales ou accidentelles des effets

(1) Élisée Reclus, La Terre, *description des phénomènes de la vie du globe*. Paris, 1868. — Voyez aussi les *Études sur l'harmonie des formes terrestres*, par H. de Villeneuve-Flayosc. Marseille, 1865.

généraux des grands déchirements du globe. Sur un globe de 15 à 20 centimètres de rayon, comme celui sur lequel M. Laugel a tracé le réseau pentagonal, un trait ordinaire suffirait pour recouvrir totalement une pareille zone.

En l'état actuel de la science, toute tentative pour fixer le réseau pentagonal définitivement sur la surface entière du globe est prématurée. Nous connaissons trop peu la constitution géognostique des contrées hors d'Europe, nous n'avons même pas de notions suffisantes sur bien des points importants de facile accès, outre les régions étendues encore complétement inexplorées. Aussi M. Élie de Beaumont présente seulement l'installation actuelle du réseau pentagonal comme provisoire. « L'installation actuelle du réseau, dit-il, n'est encore que provisoire et demeure susceptible d'une rectification ultérieure. » Remarquons aussi que la direction des cercles du réseau représentant les grands cercles de comparaison des systèmes de montagnes européens fixée à 2′ près sur le tableau d'assemblage de la carte géologique de France à l'échelle de 1/2 000 000 ne comporte pas en réalité une précision aussi grande. L'auteur porte lui-même de 2′ à 15′′, un quart de degré au lieu d'un trentième, l'approximation des directions admise lors du levé détaillé des accidents stratigraphiques du département de la Haute-Marne, ajoutant que « l'exactitude de ces orientations demeure même *sujette à quelques réserves.* » Sur la carte géologique de ce département, à l'échelle de 1/80 000, M. Élie de Beaumont, après avoir mis en regard des diverses formations les failles et autres accidents stratigraphiques, reconnaît que sur ce travail, minutieux d'ailleurs, « quelques failles peut-être ont été tracées d'une manière trop continue ». En même temps les orientations observées sur le terrain présentent maintes fois des différences de 3 à 4 degrés avec les directions calculées. Ces différences de 3 à 4 degrés équivaudraient à 120 fois l'approximation de 2′ ou 2 kilomètres attribuée à l'orientation des grands cercles du réseau pentagonal !

Dans les monographies des grands cercles du réseau pentagonal, l'auteur de la théorie pense signaler les points remarquables qui jalonnent ces cercles, sinon sur toute leur circonférence, du moins sur leurs parcours en France et dans les pays limitrophes. Sans insister sur la difficulté, nous voulons dire l'impossibilité, de suivre les cercles du réseau hors d'Europe, il y a « presque toujours plusieurs alignements parallèles entre eux sans que rien ne distingue le grand cercle de comparaison de ses parallèles. » Souvent les points remarquables, au lieu de se présenter sur la trace des grands cercles du réseau pentagonal, apparaissent sur ses côtés. Si les montagnes à crêtes parallèles « ne sont pas seulement en rapport par leur direction » avec les cercles du réseau pentagonal, si les chaînons « s'arrêtent presque toujours à la rencontre d'un des cercles principaux ou auxiliaires qui coupe » leur cercle de comparaison, si les éléments des différents systèmes sont disposés en quinconce, pareillement aux lignes d'un jardin planté à la française, de manière à marquer les reliefs de peu d'étendue « aux points d'intersections » des lignes du réseau, il faut néanmoins avouer que « la nature en marquant tous ces points en nombre immense n'a pas pris soin d'accentuer plus fortement les points de premier ordre que ceux du second ».

Puis, l'application du réseau pentagonal à la grande carte de la Haute-Marne paraît bien avoir permis de rapporter, les directions stratigraphiques observées dans cette région aux systèmes de montagnes dont l'influence s'y est fait sentir. Plus de la moitié des orientations observées se sont immédiatement confondues avec les orientations calculées. Mais sur dix-huit systèmes de montagnes ou groupes de dislocations à peu près parallèles

— dont deux douteuses — qui se manifestent, huit se rapportent à des révolutions antérieures au dépôt des parties moyennes des formations jurassiques qui constituent presque exclusivement la surface de la Haute-Marne. Les systèmes de montagnes antérieurs à cette époque auxquels se rattache une partie des dislocations observées sont ceux du Finistère, du Morbihan, du Hundsruck, des Ballons, du Forez, du Rhin, du Thuringerwald, du mont Seny. Plusieurs de ces systèmes interviennent par leur direction propre et par celles des fissures produites perpendiculairement à cette direction quoique dans une moindre mesure. Le faible relief donné au sol de la Haute-Marne par les actions superposées de plusieurs révolutions différentes ne permet pas d'assigner la part exacte de chacune. Par suite on ne saurait affirmer sans incertitude si les déchirements produits par le contre-coup de dislocations plus récentes que l'époque jurassique *ont emprunté la direction* des fissures affectant les formations recouvertes par les dépôts de cette époque, ou bien si les dislocations postérieures ont affecté en même temps les directions de plusieurs systèmes de montagnes différents *sans qu'il y ait emprunt* de fissures dues à des systèmes de montagnes plus anciens? Cette dernière hypothèse serait contraire au principe de parallélisme des dislocations contemporaines. En tous cas pour coordonner les accidents stratigraphiques attribués d'abord au système des Pays-Bas avec la symétrie pentagonale, M. Élie de Beaumont s'est vu, à l'occasion de son Rapport, dans la nécessité de partager ces accidents en deux groupes faisant partie : l'un du système des Pays-Bas, contemporain du grès vosgien et représenté dans le réseau pentagonal par le grand cercle auxiliaire *diamétral Da;* l'autre au système du Lands-End, contemporain du dyas, et représenté par le *primitif* du Lands-End.

Malgré ces objections et d'autres raisons contestables invoquées en faveur de la symétrie pentagonale, le promoteur de la théorie persiste à présenter cette symétrie comme « la clef et le canevas fondamental de la stratigraphie ». La stratigraphie, dit-il dans les conclusions de son dernier travail, « la stratigraphie est une science presque complétement indépendante du hasard ». Non-seulement le quinconce pentagonal sert de canevas à la topographie, mais il est encore « la clef de l'exploitation du globe terrestre ». Ses lignes « président au cours des eaux intérieures qui forment les sources thermales ; elles ont régi le cours de toutes les émanations liquides, gazeuses, ou mêmes fondues qui ont amené de l'intérieur les substances minérales ». M. de Chancourtois a appliqué le réseau pentagonal à la coordination, et, par suite, à la recherche des sources ou des dépôts de matières bitumineuses. Suivant cet ingénieur, « les minières de fer de la Hante-Marne s'alignent sur des directions qui concordent exactement avec celles des failles et des autres accidents géologiques..... Les minerais se trouvent dans des filons appartenant à des systèmes antérieurs à la formation des terrains qui les renferment, » ce qui est « une preuve manifeste de la persistance et de la réouverture des anciennes fractures ». Dans les mines de Cornouailles, M. Moissenet, en appliquant le réseau pentagonal aux gîtes métallifères, suivit à l'aide des cartes du *Geological Survey* « non-seulement les accidents généraux du sol, mais aussi les phénomènes relatifs à la mécanique des filons ». Les lignes calculées, d'après les données de la symétrie pentagonale, dans tous les districts métallifères « sont empreintes assez clairement dans les accidents du sol et des gîtes minéraux pour que, avec de la prudence et du discernement, les mineurs puissent y trouver le guide véritable qui jusqu'ici leur a manqué ».

La critique a pour essence l'attention. Son objet est de juger, de séparer le vrai du faux. Or, la théorie dont nous venons de donner un exposé a pour principe l'identification des révolutions du globe avec l'apparition des systèmes de montagnes et l'intervention de la symétrie pentagonale dans leur manifestation successive. En d'autres termes les dislocations, les ruptures, le redressement des couches du sol, sont les mêmes phénomènes qui, à diverses époques, ont modifié la surface terrestre sous l'influence du refroidissement interne, chaque révolution se manifestant dans la direction d'un grand cercle du réseau pentagonal. On ne saurait méconnaître l'esprit ingénieux avec lequel M. Élie de Beaumont présente tous les détails susceptibles d'appuyer son idée. Il faut rendre témoignage aussi de l'autorité que donnent à ce géologue éminent ses travaux antérieurs si nombreux et si féconds. Néanmoins, un examen minutieux de la théorie fait surgir des doutes sur l'intervention de la symétrie pentagonale. L'étude attentive des systèmes de montagnes soulève des objections que nous formulerons non pour satisfaire notre opinion personnelle, mais comme l'expression de faits dont l'autorité est supérieure encore à celle des maîtres de la science.

Même en admettant l'existence d'une régularité réelle dans la première manifestation des systèmes de montagnes, le croisement des éléments de plusieurs systèmes consécutifs et les combinaisons innombrables des divers groupes de dislocations, sous des influences accidentelles ou locales, par suite de leur discontinuité, de l'inégalité de leurs saillies, de leurs raccordements multiples, il nous est impossible de prouver l'intervention de la symétrie pentagonale dans les accidents stratigraphiques de la surface terrestre. Les preuves de cette symétrie nous paraissent insuffisantes et balancées par des faits contraires d'un tout autre ordre que ceux de l'hémiédrie et du dimorphisme à côté des lois générales de la cristallographie. Si le réseau pentagonal existe réellement, pourquoi a-t-il fallu recourir à des cercles auxiliaires, dont aucune règle fixe ne détermine la coordination, pour représenter un trop grand nombre de systèmes de montagnes, quand des grands cercles principaux non moins nombreux ne représentent rien du tout ? Encore, une partie de ces cercles peut être réservée pour des groupes de dislocations inconnus ; mais si le grand cercle de comparaison exerce dans chaque système une influence prépondérante, pourquoi les accidents stratigraphiques sont-ils si souvent marqués d'une manière plus nette sur des lignes parallèles en dehors des cercles du réseau ? Peut-on sérieusement affirmer et étendre à la surface entière du globe le principe de la symétrie pentagonale avec le vague où se trouvent les bases de la théorie, quand, abstraction faite du parallélisme plus ou moins complet des éléments des mêmes systèmes de montagnes, on ignore si les dislocations du même groupe contemporain forment un fuseau limité ou si elles s'étendent sur tout le parcours d'un cercle de la sphère, quand on est si peu fixé sur le mode de succession des différents systèmes, au point que le promoteur de la théorie les fait naître un à un tandis que tel de ses adhérents les plus convaincus pense qu'ils ont apparu trois à trois, par groupes trirectangulaires ? Sans nous étendre sur d'autres objections que nous passons sous silence, le moindre reproche à faire à l'introduction du pentagone dans la stratigraphie, n'est-il pas de généraliser sans motif suffisant des faits isolés et d'être prématurée ?

Par contre, la doctrine des soulèvements identifiée avec les grandes révolutions de notre globe demeure intacte. L'identification des phénomènes qui ont produit les dislocations du sol, le redressement de certaines couches, l'enlèvement de certaines autres par dénudation, les failles et les discordances de stratification, cette idée reste une des plus belles conceptions de la géologie. Les adversaires de M. Élie de Beaumont sont d'accord sur ce point, et, bien que l'existence de certains systèmes de montagnes soit mise en question, celle du système de la Côte-d'Or notamment contestée par M. Ébray, ils admettent aussi les époques où plusieurs de ces systèmes ont reçu les traits principaux de leur forme actuelle (1). M. Charles Lyell en qui est personnifiée la doctrine des « causes actuelles » dit entre autres choses que « les soulèvements ont été dans certains cas accompagnés de commotions violentes. » Et le même géologue ajoute, p. 124 du tome II de ses *Éléments de géologie*, à propos des monts Apalaches : « Les mouvements qui ont imprimé à ce vaste système de roches un caractère de structure auss uniforme doivent avoir été sinon contemporains, du moins non interrompus pour la même série et produits par quelque cause commune... ; leur date géologique est parfaitement établie avec le dépôt des couches carbonifères et avant la formation du grès rouge. » De son côté M. Marcou, après de vives attaques contre la symétrie

(1) « La cause des phénomènes passagers que je viens de rappeler, dit M. Élie de Beaumont, n'est entrée pour rien dans mon travail *actuel* : les questions que je me suis proposé de résoudre n'étaient que des questions d'époques et de *coïncidences de dates*. Les résultats auxquels je suis parvenu, relativement aux époques auxquelles plusieurs systèmes de montagnes ont reçu les traits principaux de leur forme actuelle, sont absolument indépendants de l'hypothèse relative à la manière dont ils ont pris cette forme. En admettant ces résultats, on resterait libre à la rigueur de choisir entre l'hypothèse de Deluc, qui explique le redressement des couches par l'affaissement d'une partie de l'écorce du globe, et l'hypothèse généralement admise par les plus célèbres géologues de notre époque, et qui consiste à supposer que les couches secondaires qu'on trouve redressées dans les chaînes de montagnes, l'ont été par le soulèvement des masses de roches primitives qui constituent généralement leur axe central. » *Notice sur les systèmes de montagnes*, p. 1344.

pentagonale, voit également dans la théorie des soulèvements un moyen qui, « employé avec précaution, pourrait rendre quelques services à la science en donnant des indications *à priori* pour l'étude des pays encore inconnus géologiquement, mais voisins de ceux déjà explorés ».

Les jugements portés sur la théorie des systèmes de montagnes se concilient peu. A entendre les uns, la science formait avant cette théorie « une simple collection d'hypothèses bizarres », tandis que la doctrine nouvelle présente « une lucidité et une vigueur de méthode qui fait le plus grand honneur » à son promoteur. Tel autre la considère comme « une des plus belles conceptions de la science moderne ». Un autre encore l'appelle « la bêtise la plus insigne sortie du crétinisme mathématique de l'école polytechnique ». L'illustre Arago qui soutient la première opinion n'a peut-être pas eu une compétence incontestable en géologie, comme maint passage du livre de *la Terre* de son Astronomie populaire en fait foi. Mais que penser de l'arrêt virulent qui suit ! Ne dirait-on pas que la plume du naturaliste fougueux et conquérant dont il émane porte le même manche que son marteau? Chaud partisan du transformisme, cet écrivain accable de sa verve incisive les malencontreux adhérents du pentagone et leur impose, sous peine de fustigation, la croyance aux générations spontanées ou à la transmutation des espèces pour leur donner un exemple de théorie scientifique fondée uniquement sur des faits d'observation bien positifs ! Tant de tapage cependant fait mal. Si dans nos discussions des dissidences peuvent se produire, il ne doit pas y avoir des adversaires à outrance dans la recherche désintéressée du vrai. Pour résumer notre pensée sur les travaux de M. Élie de Beaumont, nous dirons en somme que la théorie des systèmes de montagnes établit la succession à la surface du globe d'une série de révolutions plus nombreuses que ne le pensait Cuvier, mais dont les effets ont été moins considérables. Ces révolutions brusques, accompagnées aussi de soulèvements lents ou de mouvements d'exhaussement et d'abaissement insensibles de la surface terrestre, ont produit les discordances de stratification entre les dépôts sédimentaires d'une époque à l'autre, détruisant en même temps les faunes et les flores vivant sur les lieux de leur manifestation. Les soulèvements et les grands cataclysmes marquent les intervalles entre les époques de formation. Les dates et la classification géologique des formations, encore incertaines et vagues dans les détails, seront précisées par l'étude combinée des dislocations du sol et de la superposition des terrains avec leur nature minérale et leurs restes fossiles.

V

Personne aujourd'hui ne saurait embrasser à la fois toutes les connaissances acquises à la géologie. Avec l'immensité du monde, nous avons ici devant nous l'immensité du temps. Non-seulement nous sommes en présence des phénomènes en voie de s'accomplir actuellement à la surface et au sein du globe, mais nos investigations s'étendent à tous les changements survenus dans la manifestation de ces phénomènes, à leur influence sur les transformations de la face terrestre, sur les conditions d'existence, sur la succession des êtres organisés dont les dépouilles ou les vestiges servent à renouer la chaîne des événements depuis l'apparition de la vie sur terre. Dans l'impossibilité de rappeler les détails de toutes ces recherches, nous eussions du moins désiré signaler les travaux les plus remarquables sur les principales formations. Mais le nombre de ces travaux et surtout leur variété sont tels que nous ne pouvons songer ici à une énumération complète.

Le rapport de M. Élie de Beaumont ne fait aucune mention de l'état de nos connaissances sur les différentes formations de la série géologique, comme si la science avait été enfermée tout entière dans son pentagone. A défaut, nous pouvons trouver un exposé détaillé des études relatives aux dépôts des diverses périodes dans l'*Histoire des progrès de la géologie*, publiée récemment par M. d'Archiac, sous les auspices de la Société géologique de France. En même temps M. Jules Marcou a cherché à représenter, sur sa *Carte géologique du monde*, l'espace occupé par chaque formation. Complétées l'une par l'autre, ces deux publications nous donnent une idée exacte des connaissances acquises sur l'histoire et la constitution de notre globe. Les études de M. d'Archiac nous font apprécier l'importance des travaux dont la suite des formations a été l'objet. Quant à la carte de M. Marcou, elle indique assez nettement, avec l'étendue relative des terrains des divers âges, le degré d'avancement des explorations géognostiques sur la surface terrestre.

Un résultat essentiel de ces études, c'est la démonstration de passages insensibles entre la plupart des formations que l'on croyait naguère nettement séparées. Image matérielle du temps, les roches expriment par leurs caractères les phénomènes de diverses sortes dont la terre a été le théâtre. Leur classification présente la chronologie du globe, où le terme de formation doit comprendre ou désigner l'ensemble des roches, des couches ou des dépôts de même date, quelles que soient d'ailleurs les différences de composition ou de structure. Une classification exacte doit nécessairement reposer sur l'ensemble des caractères. Chaque jour amenant des découvertes nouvelles, on comprend que les essais de classement tentés par les géologues les plus éminents soient seulement provisoires. L'ordre des formations successives ne peut être fixé d'une manière définitive tant que la place des terrains qui s'y rapportent est susceptible de modifications comme celles que peuvent provoquer à chaque instant des observations nouvelles sur des détails de structure importants, sur les associations fossiles, sur la position relative des couches. Ainsi le terrain permien ou le grès rouge, dont M. Marcou veut composer avec le zechstein une formation spéciale, celle du dyas, est porté par M. Lyell dans la formation du trias pendant que certains géologues américains veulent ranger avec M. Meek les couches anciennes du Nebraska qui paraissent s'y rapporter dans la formation carbonifère. Souvent l'histoire des progrès de la géologie nous met en présence de faits semblables, et nous en concluons que, si le dépôt des terrains sédimentaires est un phénomène continu, ce phénomène a eu des phases représentées par des formations dont la classification doit déterminer les limites, la succession et la valeur.

Jetons un regard sur la carte du monde. Nous voyons les trois quarts de son étendue recouverte par les eaux, tandis que les investigations géognostiques embrassent à peine le tiers de la surface des terres émergées. Les terres polaires, presque toute l'Australie et l'Afrique, la majeure partie de l'Asie à l'exclusion de l'Inde, de vastes contrées de l'Amérique, sont encore inconnues du géologue. Dès lors comment s'étonner des lacunes de la science? Quoi! l'Europe, la France même, ménagent encore d'incessantes surprises sur un sol fouillé depuis cent ans par des milliers de chercheurs, et l'on voudrait que les événements dont l'empreinte est dispersée sur toute la surface de notre globe se déploient devant nous sans aucune ombre? Pour que la géologie livrât ses derniers secrets, il faudrait connaître tous les terrains comme ces formations siluriennes de la Bohême, dont M. Barrande décrit les moindres détails de structure, et où, après avoir découvert trois mille espèces de fossiles, ce savant illustre a démontré par des faits au-dessus de toute contestation la migration des faunes, l'existence des colonies fossiles, le retour de certaines espèces animales dans des contrées desquelles elles avaient disparu pendant une période représentée par de puissants dépôts, où enfin les recherches les plus minutieuses ne conduisent plus pour ainsi dire après vingt-cinq années d'exploration à aucune observation nouvelle.

Les observations faites sur le sol sont ordinairement représentées sur des cartes. Outre la carte géologique du monde de M. Marcou, nous avons vu successivement M. Dumont dresser la carte géologique de l'Europe, MM. Élie de Beaumont et Dufrénoy la carte géologique de France. La première idée de ces cartes paraît remonter à William Smith, qui représenta sous cette forme les résultats des observations commencées en Angleterre à partir de 1790. En Amérique, Mac Clure publia dès 1809 une carte géologique des États Unis, fondée sur ses travaux personnels, d'après la classification wernérienne. Nous n'avons eu sur la France un essai pareil qu'en 1822. Quant à la carte de MM. Dufrénoy et Élie de Beaumont, elle a été achevée en 1840 après une vingtaine d'années d'explorations faites aux frais de l'État. L'échelle de cette carte est de 1/500 000 et les auteurs y ont joint un texte publié de 1841 à 1848, sous le titre d'*Explication de la carte géologique de France*. Depuis, les géologues de notre pays, comprenant l'importance de ces travaux pour l'agriculture et l'industrie, outre leur valeur scientifique, ont levé la carte de tout le territoire national à l'échelle de 1/80 000 adoptée aussi pour la carte topographique de l'état-major. Ces levés terminés, sauf peut-être pour huit ou dix départements, sont accompagnés de descriptions détaillées parmi lesquelles nous citerons notamment celle du Bas-Rhin publiée en 1850 par M. Daubrée, et celle du Haut-Rhin en 1867 par MM. Delbos et Koechlin Schlumberger. Comme l'Angleterre, la Suisse et l'Allemagne ont fait ou sont en voie de faire exécuter des cartes géologiques à grande échelle de leur territoire, un décret du 1er octobre 1868 ordonne l'exécution du même travail pour la France à l'échelle de la carte d'état-major. Cette œuvre, confiée aux ingénieurs des mines, sous la direction de M. Élie de Beaumont, mérite un vif intérêt. Mais on ne saurait louer la mesure déplorable qui place une entreprise aussi vaste entre les mains d'une seule corporation, à l'exclusion des autres géologues du pays. Si des dispositions plus libérales avaient convié à cette entreprise tous les hommes compétents et désireux d'y prendre part, afin de remplir chacun, après une enquête préalable pour en fixer les bases, la partie de la tâche pour laquelle il était le mieux préparé, l'œuvre commune aurait sans nul doute beaucoup gagné en valeur.

Autrefois, il y a encore moins d'un demi-siècle, la géologie était cultivée à peine par quelques hommes privilégiés : aujourd'hui elle est devenue populaire en fixant l'attention générale. Au lieu de quelques études isolées publiées de loin en loin, nous voyons maintenant des associations spéciales, formées au nom de cette science, en faire le but de leurs travaux, en vulgariser les résultats par des publications rapides, nombreuses, régulières. A la suite de la Société géologique de France, l'Angleterre et l'Allemagne ont constitué des associations semblables dont les adhérents actifs sont répandus par tous les pays du globe. A côté des organes propres et en quelque sorte officiels où ces corps savants exposent les fruits de leurs investigations, une multitude de publications particulières s'efforcent à l'envi de rendre compte des recherches poursuivies au fond des laboratoires comme sur les cimes rocheuses déchirées et au sein de la grande nature. Sans passer chez nos voisins, nous trouvons avec les *Mémoires* et le *Bulletin* de notre Société géologique des documents aussi utiles que nombreux dans la *Revue des progrès de la géologie* publiée chaque année par MM. Laugel, Delesse et de Lapparent, dans les *Annales des sciences géologiques* de M. Hébert, le savant professeur de la Sorbonne, dans la *Revue des cours publics*, où M. Alglave a réussi à donner un tableau de l'état de la science susceptible d'exciter partout une émulation féconde. Aucune observation ne se produit en un point quelconque sans être vérifiée aussitôt sur d'autres points. Cette critique inflexible, caractéristique de notre temps, a pour conséquence de réduire les vues purement spéculatives, malgré l'activité des travaux de plus en plus nombreux, et maintient la science dans sa voie véritable, car les systèmes passent et les faits seuls restent.

Nota. — La réduction de la carte géologique de la terre de M. Marcou, que nous reproduisons ici, est empruntée au premier volume de LA TERRE, de M. Élisée Reclus, publiée par la maison Hachette.

La carte du Pentagone européen est empruntée à l'ouvrage de M. Élie de Beaumont : *Le système des montagnes* (Paris, librairie A. Sauton).

Paris. — Imprimerie de E. MARTINET, rue Mignon, 2.

CARTE GÉOLOGIQUE DU MONDE
d'après Jules Marcou

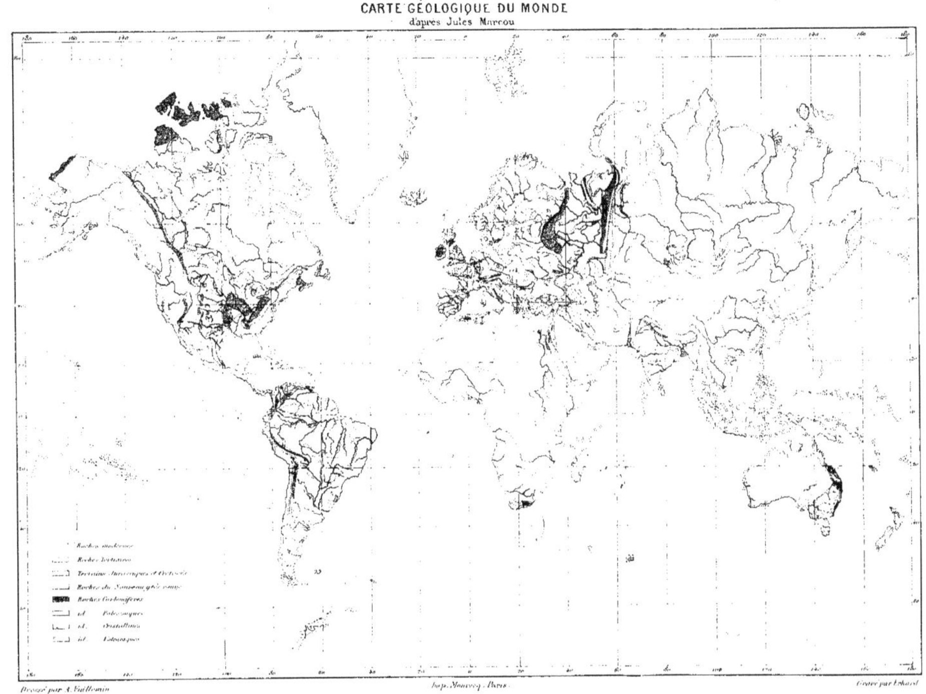

Dressé par A. Vuillemin — Imp. Monrocq, Paris — Gravé par Erhard

Le PENTAGONE EUROPÉEN en projection gnomonique sur l'horizon de son centre

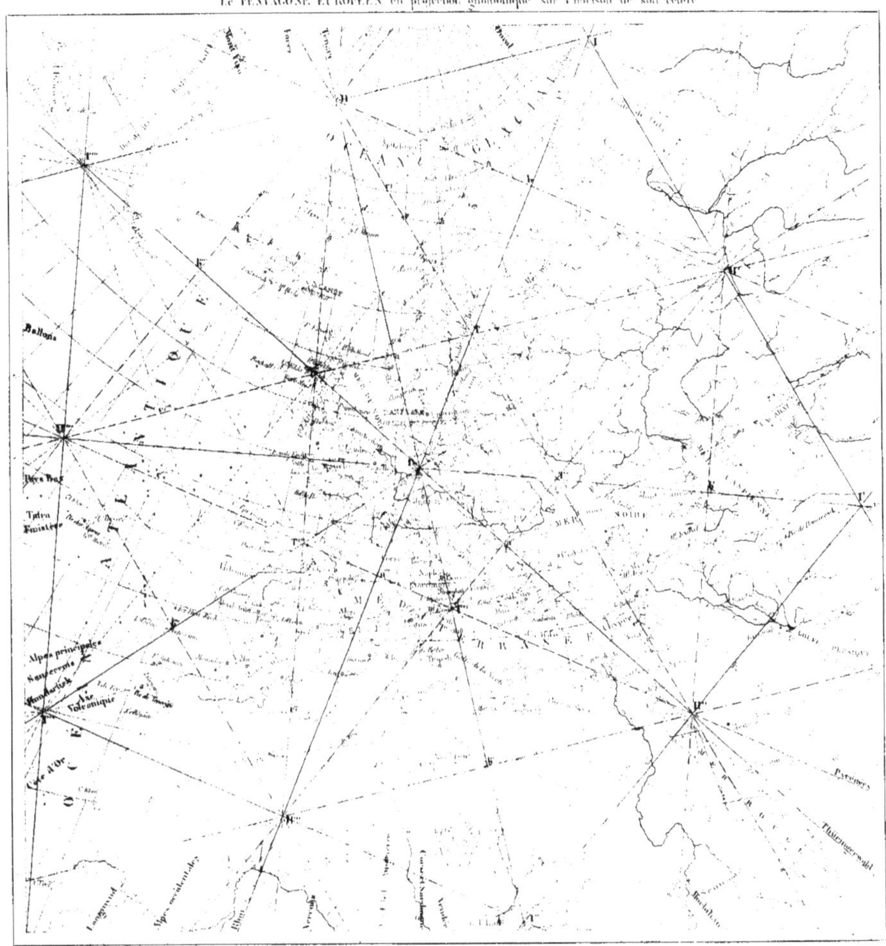

www.ingramcontent.com/pod-product-compliance
Ingram Content Group UK Ltd.
Pitfield, Milton Keynes, MK11 3LW, UK
UKHW022128260726
13993UKWH00003B/1309